W0406633

Barbara Schöning
Kerstin Röhrs

Hundesprache

Mimik und Körpersprache richtig deuten

KOSMOS

Inhalt

Kommunikation

Was bedeutet Sprache, was sind Signale, was versteht man unter Kommunikation und wie „sprechen" Hunde miteinander und mit ihren Menschen?
In diesem Kapitel geht es um die grundsätzlichen Definitionen zum Thema Hundesprache.

Bedeutung von Sprache

Wer kennt ihn nicht, den legendären Zeichentrickfilm von Loriot über Dr. Sommer und seinen sprechenden Hund Bello. Dr. Sommer berichtet in einem Interview, dass er seinen Hund täglich acht Stunden unterrichtet habe – unter anderem mit Zungenübungen und Atemtechnik. Als Beispiel gibt Bello den Satz zum Besten: „Otto holt große rote Rosen": „O-O O-O O-O". Der Reporter ist skeptisch und merkt zu Recht an, dass der Hund doch nur einen einzigen Buchstaben sagen könne: das „O".

Von Nachbar zu Nachbar: Unterhaltung durch den Gartenzaun.

Dieser Sketch macht deutlich, dass „Sprechen" keine einheitliche Definition hat – dass „Sprechen" oder „Sprache" viele Bedeutungen haben kann. Für Aristoteles z. B. hatten Tiere keine Sprache, weil sie keine Vernunft besaßen – und sie hatten keine Vernunft, weil sie keine Sprache besaßen. Heutzutage sieht man dieses Thema differenzierter und gesteht Tieren Sprache zu, sei es über individuelle Lautäußerungen oder bestimmte Verhaltensweisen, die Informationen übermitteln (z. B. Tanz der Bienen = „Bienensprache"). Silke Labudda hat 2005 in ihrer Magisterarbeit „Über die Sprache der Tiere" eine detaillierte Übersicht über die verschiedenen Möglichkeiten geliefert, wie Tiere sich einander mitteilen können.

Kommunikation klappt nur dort, wo beide Partner mit einem Signal die gleiche Information verknüpfen.

Zeichen und Handlungen

Mit „Sprache" werden zum einen konkrete Zeichensysteme gemeint, die gelesen (optische Kommunikation über Schrift) oder gehört werden (gesprochene Sprache); zum anderen sind damit heutzutage aber auch alle Handlungen bzw. Verhaltensweisen gemeint, mit denen etwas mitgeteilt wird. Konkrete Zeichensysteme sind z.B. Einzelsprachen wie Deutsch oder Chinesisch oder eine Programmiersprache für Computer. Es ist einleuchtend, dass man sich darüber einem anderen Individuum nur mitteilen kann, wenn beide die gleiche Sprache beherrschen. Redet mein Gegenüber chinesisch mit mir, wird die Verständigung nur dann klappen, wenn ich diese Sprache zumindest verstehe – am besten klappt die Kommunikation dort, wo ich meinem Gegenüber auch auf Chinesisch antworten kann. Für Handlungen/Verhaltensweisen gilt dies aber genauso. Auch hier klappt die Kommunikation nur dann, wenn beide Partner mit einer bestimmten Handlung den gleichen Informationsgehalt verknüpfen. Ein typisches Beispiel für ein Missverständnis mit eventuell dramatischen Folgen zwischen Hund und Mensch ist die Sache mit dem Blickkontakt. Die Spielregel zwischen Menschen heißt: „Es ist höflich, seinem Gegenüber beim Gespräch in die Augen zu gucken". Die Spielregel zwischen Hunden heißt: „Es ist unhöflich, seinem Gegenüber in die Augen zu gucken", denn der direkte Blickkontakt gehört in die Gruppe der Imponier- und Drohsignale. Wenn ein Mensch nun seinem Hund permanent in die Augen sieht, z.B. im Training, kann sich der Hund ständig bedroht fühlen und darauf entsprechend reagieren – z.B. mit Angstverhalten oder ebenfalls mit Drohverhalten. Diese Reaktionen versteht der Mensch dann wieder nicht und es entwickelt sich ein Problemkreislauf der keinem nutzt und für alle Stress bedeutet. Hätte sich der Mensch dagegen die Mühe gemacht seinem Hund vorher beizubringen, dass der Blickkontakt zu Menschen etwas anders gelagert ist als zwischen Hunden, wäre das Problem nicht entstanden. Der Hund hätte diese neue Fremdsprache gelernt und sie verstehen und anwenden können.

Permanente Kommunikation

Aus genau diesem Grund ist es wichtig, sich mit der Hundesprache und den Kommunikationsmöglichkeiten von Hunden zu beschäftigen. Ein Mensch und sein Hund kommunizieren permanent im Alltag: beim Training, beim Schmusen, beim gemeinsamen Gassigang – um nur einige Situationen zu nennen. Wenn diese Kommunikation klappt, wird der Alltag für beide entspannt und angenehm. Klappt die Kommunikation nicht, haben beide Probleme. Dieses Buch soll Ihnen helfen, mit Ihrem Hund zu sprechen: ihn zu verstehen und sich ihm so mitzuteilen, dass er Sie versteht.

Sprache zur Verständigung

Kommunikation bedeutet Nachrichten- oder Informationsaustausch – es ist eine Verständigung zwischen biologischen oder technischen Systemen. Damit Kommunikation stattfinden kann, müssen drei Elemente vorhanden sein: Sender, Empfänger und Information. Der Sender sendet eine Information aus und der Empfänger empfängt sie. Erst wenn dies abgelaufen ist, kann man von Kommunikation sprechen. Dabei unterscheidet man zwischen zwei verschiedenen Sender-Empfänger-Systemen. Zum einen kann ein Sender bewusst an einen ganz individuellen Empfänger senden. Wenn ein Hund einen anderen Hund anknurrt, dann findet der Informationsaustausch gewollt nur zwischen diesen beiden statt. Andere Hunde würden in der Nähe dieses Knurren hören (empfangen), aber vom Sender ist damit gezielt nur ein bestimmter Hund angesprochen worden; dies wissen etwaige „Mithörer" auch. Im anderen System sendet der Sender nicht gezielt an einen bestimmten Adressaten. Diese Art von Kommunikation hat man z.B. dann, wenn Hunde ein bestimmtes Areal mit ihrem Urin markieren. Jeder, der dann später daran vorbeikommt, wird die Information über die Nase aufnehmen und darüber zum Empfänger dieser Information werden. Der Hund, der die Duftmarke gesetzt hat, hat aber keinen Einfluss mehr darauf, wer sich alles von seinem Signal angesprochen fühlt.

Signale

Die Träger der Information nennt man Signale – und Kommunikation beginnt immer da schief zu laufen, wo Signale zwischen Sender und Empfänger nicht eindeutig genug definiert sind.

Beide Hündinnen beschnuppern die gleiche Urinspur – die Information, die jede für sich daraus zieht, kann aber individuell unterschiedlich sein.

Für den Begriff „Signal" gibt es viele analoge Begriffe, z.B. „Zeichen", „Reiz" oder „Stimulus". Die Information wird durch das jeweilige Signal so verpackt und dargeboten, dass das empfangende Lebewesen diese Information aufnehmen und verarbeiten kann. Eine gesendete Information wäre beispielsweise der sachliche Inhalt des letzten Satzes, den Sie gerade gelesen haben. Ihr Gehirn verarbeitet jetzt gerade diesen Sachinhalt und darüber ist Ihnen die Information bewusst geworden. Die dazugehörigen Signale sind die Buchstaben; diese sind die Träger der Information. Ein anderes Beispiel wäre das akustische Signal SITZ an Ihren Hund. Das Signal ist ein Geräusch mit einer bestimmten Frequenz, Länge und Tonmodulation. Die dazugehörige Information für Ihren Hund ist: „Hintern auf den Boden". Dabei muss ein Signal nicht unbedingt nur eine relativ kurze Einzelinformation sein. Auch komplexe Verhaltensweisen haben Signalcharakter und sprechen mehrere Sinneskanäle des Empfängers an. Ein Signal zum Hinsetzen hat im alltäglichen Gebrauch auch optische Komponenten: die Körpersprache des Senders.

Das akustische Signal SITZ wird begleitet von einer Vielzahl optischer Signale: Handbewegung und Handhaltung, Kopfstellung, Körperhaltung, Blickrichtung.

Probleme in der Kommunikation

In der Kommunikationswissenschaft gibt es eine schöne Definition für den Begriff Signal oder Zeichen: „Ein Signal oder Zeichen ist etwas, was für jemanden etwas bedeutet." Und damit wird noch einmal die schon erwähnte Hauptursache für Kommunikationsprobleme deutlich. Kommunikation klappt nur da perfekt, wo beide Kommunikationspartner für ein bestimmtes Signal exakt den gleichen Informationsgehalt verknüpfen. In dem Moment, wo es hier Unterschiede gibt, tauchen Probleme auf.

Das vorhin zitierte Beispiel mit dem Blickkontakt kann dies noch einmal gut illustrieren. Für den Menschen bedeutet das Signal „direkter Blickkontakt" vielleicht so etwas wie „freundliche Wertschätzung oder Aufmerksamkeit beim Gespräch". Für den Hund bedeutet das technisch gleiche Signal aber eventuell das genaue Gegenteil: „Konflikt um etwas (vielleicht um eine bestimmte Ressource) und damit Imponiergehabe oder Bedrohung". Und schon ist ein Problem im Entstehen begriffen. Auch das Zischgeräusch SITZ hat für den Hund nur dann die Bedeutung „Hintern auf den Boden", wenn ihm genau dies zuvor beigebracht wurde. „Einfach so" weiß kein Hund, was SITZ bedeutet.

Wahrnehmung von Signalen

Viele Elemente des täglichen Lebens haben Signalcharakter. Wir leben in einer sogenannten „Semiosphäre" – einer Welt der Signale oder Zeichen. Damit ein Signal seine Information „loswerden" kann, muss eine weitere Bedingung erfüllt sein: Der designierte Empfänger muss die entsprechenden Vorrichtungen (die Sinneskanäle) besitzen, um dieses Signal zu erkennen und den Informationsgehalt herauslösen zu können. Solche Vorrichtungen sind z.B. Augen (Gesichtssinn), Nase/Zunge (Geruchs-/ Geschmackssinn), Haut (Tastsinn) oder Ohren (Gehörsinn). Sie empfangen die Signale und leiten sie weiter an das Gehirn zur Bearbeitung – damit wird der Informationsgehalt eines bestimmten Signals zu einer bewussten Wahrnehmung. Neben den genannten Sinneskanälen gibt es eine weitere Wahrnehmungsvorrichtung für Gefahren, die den Körper bedrohen: die Schmerzrezeptoren.

Jeder weiß, was die Signale beim anderen bedeuten. Der linke Hund zeigt Unsicherheit u.a. durch den zusammengeschobenen Körper und der rechte durch die Spielaufforderung.

Warum Tiere miteinander kommunizieren

Kommunikation mit der Umwelt ist eine wichtige Voraussetzung für das Überleben. Nur über die Verarbeitung von Umweltsignalen findet ein Lebewesen Nahrung oder kann sich vor Feinden retten. In der Evolution haben sich Arten unterschiedlich entwickelt: Verschiedene Tierarten besitzen verschiedene Sinnesorgane – oder gleiche Sinnesorgane haben eine unterschiedliche Leistungsfähigkeit. Jede Tierart hat sich ihrer ökologischen Nische, ihrem Lebensraum, angepasst – nur so kann sie darin dauerhaft bestehen. Es wäre z. B. für eine Fledermaus unpraktisch, Ohren mit der Leistungsfähigkeit menschlicher Ohren zu haben. Für die Fledermaus ist es wichtig, ihre Beutetiere im Dunkeln zu orten. Die Beutetiere sind klein (Insekten) und wendig. Die Fledermaus hört im Ultraschallbereich und sie kann zudem auch noch aus dem Gehörten ganz exakt die Richtung des Beutetieres und den eigenen Abstand zur Beute ablesen. Dieses sind Eigenschaften, über die wir Menschen nicht verfügen – warum auch: Beutetiere und dadurch das ganze Jagdverhalten waren bei den frühen Menschen gänzlich anders. Bei den frühen Menschen haben die Augen oder die Nase unter Umständen sogar eine wichtigere Rolle für den Jagderfolg gespielt als die Ohren.

Verständigung untereinander

Kommunikation spielt aber nicht nur eine wichtige Rolle „nach außen“ (bei der Nahrungsbeschaffung oder dem Entkommen bei feindlichen Angriffen), sondern auch innerhalb einer Tierart. Selbst Einzelgänger wie z. B. Tiger müssen hin und wieder mit einem Artgenossen kommunizieren – sonst klappt es mit der Fortpflanzung nicht. Ganz wichtig wird diese innerartliche Kommunikation aber bei den sozialen Lebewesen. Hier geht es nicht nur um Fortpflanzung, sondern um die permanente Verständigung im täglichen Zusammenleben. Dort wo man mit seinen Artgenossen sehr eng „zusammen hockt“, gibt es jeden Tag Reibungspunkte. Konkurrenz und Kooperation müssen abgewogen und Kompromisse eingegangen werden. Das geht nur mit einer „gemeinsamen Sprache“.

Die Sprache der Hunde

Jedem Lebewesen geht es darum, seinen eigenen Zustand zu optimieren, um die eigenen Gene an die nächste Generation weiterzugeben. In diesem Zusammenhang spricht man auch von „biologischer Fitness". Um die biologische Fitness zu erhöhen, braucht man sogenannte „Ressourcen": Nahrung, Wasser, Fortpflanzungspartner, Sozialpartner (bei sozialen Tieren) oder Territorium (bei territorialen Tieren). Auch der intakte (gesunde) eigene Körper stellt eine Ressource dar. Jedes Tier hat das grundlegende Bedürfnis, seinen Bedarf an Ressourcen zu decken – und dabei größtmögliche Schadensvermeidung zu betreiben. Bestimmte Arten haben sich daher in der Evolution zu sozialen Lebewesen entwickelt. Das Leben in der Gruppe hat den Vorteil, dass man sich bei der Nahrungsbeschaffung, dem Schutz vor Feinden oder der Nachkommenaufzucht ergänzen und helfen kann. Das Leben in der Gruppe hat aber auch Nachteile: Man hat den stärksten Konkurrenten um die Ressourcen, die für einen selber wichtig sind, direkt neben sich. Genau aus diesem Grund haben sich bei den hoch-sozialen Arten, wie z. B. Wölfen, eine fein differenzierte und variable Kommunikation und ein ebensolches Sozialsystem entwickelt.

Ressourcen und Risiko

In einer fest etablierten Gruppe kennt jeder jeden und weiß, was er vom anderen zu erwarten hat: Wie ist das Interesse des anderen an bestimmten Ressourcen und wann ist es besonders stark? Wie viel ist der andere bereit für den Ressourcenbesitz zu investieren? Durch dieses Wissen bilden sich situationsabhängige Statusverhältnisse: Individuum A mit einem höheren Status hat die Möglichkeit, Freiheiten und

Ein kleiner Konflikt um die Ressource „Frisbee". Der Labrador weicht mit leicht submissivem Verhalten aus – und geht dann weg, als der Rhodesian Ridgeback sein Interesse am Frisbee intensiviert.

Rechte auf Ressourcen von Individuum B einzuschränken. A muss dies aber nicht zwangsläufig tun. Es kann auch sein, dass B freiwillig auf Freiheiten und Rechte verzichtet – eventuell sogar ohne dass A gerade besonderes Interesse an einer bestimmten Ressource angemeldet hätte. Der individuelle Wert, den die jeweilige Ressource für die beiden Interaktionspartner hat, spielt dabei eine große Rolle. Auch in einem etablierten Statusverhältnis A>B kann sich B massiv (und erfolgreich) für eine Ressource engagieren, wenn diese einen hohen Wert für B hat. Hat sie gerade einen kleinen Wert für A, wird A vermutlich mit der Schulter zucken und weggehen. Hat A ebenfalls ein großes Interesse, entscheiden weitere Faktoren, ob es einen stärkeren Konflikt gibt und wie der ausgeht; eine wichtige Rolle spielt z. B. die individuelle Risikobereitschaft bei beiden. Wie weit sind sie bereit, die Ressource „eigene körperliche Unversehrtheit" für eine andere Ressource zu riskieren? Aus diesen beiden Faktoren „Ressourcenwert" und „Risikobereitschaft" lässt sich das sogenannte „Ressource Holding Potential" (RHP) eines Individuums errechnen. „Risikobereitschaft" ist dabei ein Faktor, der stärker genetisch fixiert ist, während der „Ressourcenwert" stärker durch die Lernerfahrungen bestimmt wird. In der Verhaltensbiologie findet das RHP-Modell mittlerweile eine breite Verwendung. Es hat bei einigen sozialen Tierarten die alten „Dominanzmodelle" (siehe S. 13 ff.) abgelöst, weil es flexibler und individueller anwendbar ist. Ob es sich auch auf Wölfe oder Hunde und besonders auf die Hund-Mensch-Interaktionen anwenden lässt, ist allerdings fraglich. Hier scheint das neue RHP-Modell, genauso wie das alte Dominanz-Subdominanz-Modell, mit „Alpha > Beta > Gamma" etc., doch zu unflexibel zu sein.

Der Ridgeback fürchtet jetzt den nächsten Konkurrenten (obwohl der noch kein offensichtliches Interesse zeigt) und beginnt, das Frisbee wegzutragen.

Leben in sozialen Gruppen

Welche Spielregeln gelten in sozialen Gruppen Hund-Hund und Hund-Mensch, wie werden diese etabliert und gehalten und welche Rolle spielt Sozialverhalten beim Training? Brauchen wir noch den alten „Alpha-Mythos“, um mit unseren Hunden gut zusammenzuleben oder wird unser Zusammenleben dadurch nur unnötig problematisch?

Was heißt „Dominanz“?

In der Biologie ist mit „Dominanz“ ein Statusverhältnis zwischen zwei Individuen gemeint. Alleine für sich ist kein Wolf oder Hund dominant (und auch nicht das Gegenteil: subdominant). „Dominanz“ ist keine persönliche Eigenschaft und ist nicht angeboren wie die Augenfarbe oder ein lockiges Haarkleid. Dominanz wird durch Interaktion erworben, durch wiederholten sozialen Kontakt mit einem anderen Individuum. Ein Dominanzverhältnis besteht, wenn ein Individuum A einen höheren sozialen Status hat als ein Individuum B. Hierzu gehört nicht nur, dass A eine Vorstellung vom eigenen Status zu B hat, sondern dass B dieses Statusverhältnis auch wahrnimmt – dass B sich also in der Rolle des subdominanten Interaktionspartners sieht.

Zeigt die Hündin hier, dass sie ihren Mensch als „Boss“ anerkennt? Nein – sie zeigt einfach ein gut gelerntes Verhalten auf Signal.

Das Märchen vom Alpha

In der Alltagssprache wird derjenige mit dem höheren Status oft als Chef oder Alpha bezeichnet. In der älteren Hundeliteratur hatte sich der Begriff „Alpha“ eingebürgert: Alpha war der Gewinner im Kampf, der seine Untergebenen beherrschte ... und diese Vorstellung, wie Hunde oder Wölfe miteinander leben, ist noch weit verbreitet.

Parallel wurde dieses Modell auch auf das Zusammenleben Hund–Mensch übertragen. Auch in der gängigen Hundeliteratur findet man häufiger noch Angaben dazu, dass sich der Mensch als „Alpha" gegenüber seinem Hund durchsetzen müsse. Hier findet man z. B. immer noch Aussagen wie: „Alpha herrscht mit drakonischer Härte über die Gruppe." Man ging früher davon aus, dass alle Hunde kleine Diktatoren sind, die die Herrschaft über ihre Gruppe an sich reißen wollen. Jedes Knurren gegen den Besitzer bedeutete dann entweder „Ich bin schon Alpha, also geh weg" oder „Ich erhebe Anspruch auf die Alphaposition, also geh weg". Als Begründung wurde angegeben, dass Hunde angeborene sozial expansive Verhaltensmuster hätten, die sie unweigerlich dazu zwingen würden, die soziale Leiter nach oben steigen zu wollen. Für das gedeihliche Zusammenleben zwischen Hund und Mensch, so steht es leider noch in vielen Büchern, müsse sich demnach der Mensch als „Alpha" gegenüber seinem Hund durchsetzen – notfalls mit Gewalt.

Die Person beugt sich über den Hund und löst Stress aus. Womöglich fühlt sich die Hündin bedroht – und reagiert mit deutlichem Zeigen von Unsicherheit. Ob die beiden zusammenleben, eine soziale Beziehung haben, und wer im Status höher ist, zeigt uns die Momentaufnahme nicht.

Falsche Vorstellung von „Gehorsam"

Wenn Probleme auftreten, sei der Mensch in seinem Führungsanspruch gescheitert – dies wurde und wird in der älteren Hundeliteratur auch bei Gehorsamsproblemen immer noch heruntergebetet. „Gehorsam" im menschlichen Sinne bedeutet, dass der Hund auf ein bestimmtes Signal (ein „Kommando" wie z. B. SITZ) mit dem gewünschten Verhalten reagiert. Dabei haben „Gehorsam" und „biologische Dominanz" so gut wie nichts mit einander zu tun. Zum einen, weil die menschliche Vorstellung von „Gehorsam" im Zusammenleben Hund–Hund oder unter Wölfen nicht existiert. Kein Wolf oder Hund befiehlt einem anderen, sich hinzusetzen oder heranzukommen. Und ein Wolf zwingt seine Kollegen auch nicht bei Strafandrohung zur gemeinsamen Jagd ...

Zum anderen, weil das korrekte Reagieren auf ein Signal durch Lernvorgänge beeinflusst wird. Ein nicht-befolgtes Signal ist für den Menschen letztendlich die Information, dass das Training noch nicht intensiv genug, konsequent genug oder eindeutig genug war, um den Motivationszustand des Hundes so zu beeinflussen, dass er in dieser speziellen Situation das gewünschte Verhalten zeigt. Und dann gibt es auch noch die Möglichkeit, dass „Ungehorsam" aus gesundheitlichen Gründen gezeigt wird. Wir kennen zahlreiche „ungehorsame" Hunde, die akustische Signale nicht wahrnehmen konnten, weil sie taub waren, oder die sich vielleicht gerne hingesetzt oder hingelegt hätten, um die Belohnung zu erhalten – denen aber eine Bandscheibe so wehtat, dass sie doch stärker motiviert waren, stehen zu bleiben.

Kontraproduktive Maßnahmen

Ein vermeintlicher „Ungehorsam" beinhaltet also nicht die Information, dass der Hund den Menschen nicht als „Alpha" oder „Chef" anerkennt. Den Hund bei unerwünschtem Verhalten rigoros „Unterordnungsübungen" machen zu lassen, ist nicht geeignet, um ihm Fehler deutlich zu machen, und kann im Gegenteil sogar kontraproduktiv sein. Im Rahmen des alten „Dominanzdenkens" wurden Handlungen an Hunden empfohlen, die in den allermeisten Fällen nicht der Lösung eines Problems dienlich waren. Den Hund auf den Rücken zu werfen („Alpharolle"), wenn er nicht gehorcht oder die Kinder anknurrt, macht die Probleme auf Dauer eher stärker und erhöht (nicht nur im Fall der Kinder) das Gefährdungsrisiko. Nicht zuletzt besteht bei drastischen Maßnahmen im Namen der „Dominanzdurchsetzung" eventuell eine Tierschutzrelevanz für den Hund. Alleine aus diesem Grund sollte langsam ein Umdenken erfolgen und dieses Buch möchte dabei helfen.

Aktive Demut eines bereits abgestillten Wolfswelpen gegen die Mutter wird spontan bei der Begrüßung gezeigt. Der Welpe war zuvor nicht bedroht worden.

Wölfe und ihre sozialen Gruppen

Die im letzten Jahrhundert gewonnen Erkenntnisse über Wölfe basierten auf unvollständigen und fehlerhaften Untersuchungsansätzen, wie sich erst einige Jahrzehnte später herausstellte:

- Untersuchungen wurden an künstlich zusammengestellten Wolfsrudeln in Gefangenschaft durchgeführt. Dort gezeigte Verhaltensmuster und Strukturen entsprechen nicht dem, wie Wölfe sich in der Natur verhalten.
- Verhaltensforscher setzten sich damals mit Papier und Bleistift zum Beobachten hin und schrieben auf, was sie an Verhaltensweisen sahen. Während sie aufschrieben, konnten sie nicht gleichzeitig beobachten, wie sich die Wölfe vor ihnen weiter verhielten. So gingen ihnen wichtige Zusammenhänge und der zeitliche Ablauf von Interaktionen und Verhaltensmustern verloren.
- Aggressives Verhalten ist sehr auffällig, und so wurden bei diesen Beobachtungen hauptsächlich aggressive Verhaltensmuster notiert.

So entwickelte sich das Bild, welches jahrzehntelang das Wissen über Wölfe und Hunde dominiert hat. Diese lange Zeitdauer wurde sicher dadurch begünstigt, dass das so gewonnene Hierarchiemodell sehr einfach, anschaulich und eingängig war.

Forschung heute

Heute haben wir in der Verhaltensbiologie bessere Untersuchungsmethoden. Wir können Tiere auf Video aufzeichnen und uns deren Verhalten 20 Mal hintereinander ansehen. Wir können es in Zeitlupe sehen oder als Einzelbild weiter schalten. So gehen keine auch noch so dezenten Verhaltenselemente verloren. Dazu kommt, dass der Betrachter nicht auf 2–3 m Entfernung hinter einem Gitter sitzt (und damit quasi Bestandteil des untersuchten Systems wird), sondern sich das Ganze in der Natur aus 30 m Entfernung von einem Hochsitz aus mit dem Teleobjektiv ansehen kann. Derartige Untersuchungen zeigen uns, dass das Sozialverhalten von Wölfen viel differenzierter und variabler ist als gemeinhin angenommen. Im folgenden Absatz sind die wichtigsten aktuellen Erkenntnisse zur Struktur und Organisation des sozialen Miteinanders von Wölfen aufgelistet.

- Ein Wolfsrudel ist eine Familiengruppe, Fähe und Rüde bilden die primäre soziale Einheit; das Rudel wächst dann mit den Nachkommen, die bei den Elterntieren verbleiben.
- Aggressive Auseinandersetzungen über Ressourcen beziehungsweise Status sind eher selten. Aggressives Verhalten innerhalb eines Rudels findet man dort häufiger, wo Menschen massiv in das Habitat der Wölfe eingreifen. Zum Beispiel indem sie den Lebensraum drastisch einschränken, Gruppenmitglieder herausschießen oder das Nahrungsangebot deutlich verändern.
- Demutsverhalten (submissives Verhalten) wird insgesamt deutlich häufiger gezeigt als aggressives.
- Demutsverhalten wird meist spontan gezeigt und eher selten als Reaktion auf aggressives Verhalten des Gegenübers.
- Sozio-positive Verhaltensmuster halten das Rudel zusammen und entscheiden über dessen Struktur. Der Schwerpunkt liegt in der Kooperation, nicht in der Konfrontation.

Sozialer Klebstoff: Austausch soziopositiver Verhaltensmuster. Der Ältere hat freundlich auf die Annäherung des Jungen reagiert, indem er sich klein gemacht hat.

Statusverhältnisse

Wolfsrudel stellen eine Familiengruppe dar, in der jeder jeden kennt, weiß, was er vom andern zu erwarten hat und was der andere von ihm erwartet. Natürlich bilden sich innerhalb solcher Gruppen auch individuelle Statusverhältnisse zwischen jeweils zwei Individuen. Aber diese sind abhängig von verschiedensten Faktoren (nicht nur Alter und Verwandtschaftsbeziehung). Statusverhältnisse zwischen Wölfen sind keine festen Größen, die über Jahre oder zumindest einige Tage fixiert sind. Sie können sich im Minutentakt ändern. Die folgende Liste zeigt eine Reihe von Faktoren, die Einfluss auf Statusverhältnisse zwischen Wölfen haben: Tageszeit, Jahreszeit, Anzahl der Gruppenmitglieder, aktuelle Gruppenstruktur, Örtlichkeit, Vorhandensein von Ressourcen, Interesse ein-

Info | Sozio-positiv

Zu den soziopositiven Verhaltensmustern gehören alle abstandsverringernden Verhaltensweisen, die einen weiteren Kontakt und enge Distanz zwischen den Individuen ermöglichen sollen. Dazu gehören alle Verhaltensmuster der sozialen Annäherung (z.B. aktive Demut) und u. U. auch Spielverhalten. Im Gegensatz dazu ist aggressives Verhalten (als sozionegatives Verhalten) zwar u.U. zunächst auch abstandsverringernd, zielt aber insgesamt auf Distanzvergrößerung.

zelner an Ressourcen, Vorhandensein von Stressoren, frühere Erfahrungen mit bestimmten Situationen.

Lernerfahrungen

Beobachtet man ein Wolfsrudel über einen längeren Zeitraum, wird man auch immer wieder Phasen erleben, in denen man keine Verhaltensweisen sehen kann, die Aufschluss über etwaige Statusverhältnisse geben könnten. Die treibende Kraft für jedes Verhalten ist der Wunsch: „Mir soll es gut gehen." Das Verhaltensziel ist die Optimierung des eigenen Zustandes. Wölfe tun das, was nötig ist, um dieses Ziel zu erreichen. Dort wo es nach ihrer Meinung um keine wichtigen Ressourcen geht oder das generelle Verhaltensziel nicht gefährdet ist, wird ein Beobachter auch nichts Dramatisches oder Gravierendes zu sehen bekommen (energieaufwändiges Verhalten wäre eine Energieverschwendung, wenn es um nichts Wichtiges geht). Er wird bei genauem Hinsehen vielleicht eine Reihe an sozio-positiven Verhaltensmustern beobachten können: Schnauzenzärtlichkeiten oder gegenseitige Körperpflege. Vielleicht auch submissive Verhaltenselemente – die werden aber kaum Aufschluss über Statusverhältnisse liefern, weil sie von vielen Gruppenmitgliedern im Wechsel und in annähernd gleicher Qualität und Quantität gezeigt werden. Schlussendlich lässt sich für Wölfe sagen, dass Lernerfahrungen eine größere Rolle im Hinblick auf Statusbildung und hierarchische Struktur spielen als irgendein genetisch fixiertes sozial expansives Verhalten.

Schnauzenzärtlichkeit zwischen zwei gut bekannten Wölfen. Der linke Wolf reagiert aber schon leicht ausweichend. Ob ihm das Verhalten des rechten Wolfes einfach nur „lästig" ist, oder er sich schon leicht bedrängt fühlt, lässt sich aus der Momentaufnahme nicht ableiten.

Hunde und ihre soziale Gruppen

Ähnliches wie zu den Wölfen gesagt, gilt vermutlich auch für den Hund ... aber tatsächlich gibt es hier noch viel Unbekanntes und viele Vermutungen. Das Einzige, was man heute mit Gewissheit sagen kann, ist, dass Wolfsverhalten und deren soziale Strukturen nicht eins zu eins auf Hunde übertragbar sind. Die Domestikation hat das soziale Verhalten von Hunden im Vergleich zum Wolf erkennbar verändert. So erkennbar verändert, dass auch verwilderte Haushunde, die über mehrere Generationen wild leben, nicht anfangen sich auf einmal wieder wie Wölfe zu verhalten.

Wild lebende Haushunde

Intensive Studien an großen Gruppen von wild lebenden Haushunden in Indien und Italien haben gezeigt, dass es nicht so sehr lang anhaltende, enge soziale Bindungen sind, die einzelne Tiere als Gruppe zusammenhalten; eher spielt das Territorium als Ort, an dem Nahrung, Fortpflanzungspartner und Sozialpartner gefunden werden, eine ausschlaggebende Rolle. In einer großen Gruppe an verwilderten Hunden finden sich einzelne Tiere zu kleineren Sub-Gruppen zusammen, es besteht in diesen Sub-Gruppen aber nicht eine solch enge Bindung wie in einem Wolfsrudel und es finden auch regelmäßig Sozialkontakte zwischen Individuen verschiedener Sub-Gruppen statt. Auch bei den verwilderten Haushunden wird häufiger Demutsverhalten als aggressives Verhalten beobachtet. Der Unterschied zu den Wölfen ist zum einen besagter Austausch an Sozialkontakt zwischen einzelnen Sub-Gruppen und zum anderen die Tatsache, dass Demutsverhalten öfter eine Antwort auf Aggression ist und nicht so häufig spontan gezeigt wird. Soziopositive Verhaltensmuster werden weniger zum generellen Gruppenzusammenhalt eingesetzt als vielmehr zur individuellen Deeskalation von Konflikten.

Sind Modelle nötig?

Da nun tatsächlich weder Wölfe noch verwilderte Haushunde nach den jahrzehntelang beschriebenen strengen Hierarchiemodellen leben, ist es äußerst fraglich, dass ausgerechnet unsere Haushunde dies tun sollten. Es bleibt die Frage, wie man sich soziale Strukturen beim Hund oder gar zwischen Hund und Mensch vorstellen soll. Gibt es überhaupt Statusverhältnisse zwischen Haushunden? Und falls ja – braucht man hier ein Konstrukt von Dominanzverhältnissen für ein erfolgreiches Zusammenleben zwischen Hund und Mensch?

Diese Fragen können nicht ohne weiteres beantwortet werden, weil dazu entsprechende Untersuchungen und Forschungsergebnisse fehlen. So langsam fängt man in der Verhaltensforschung zwar an, sich Haushunde intensiver anzusehen; aber in der Methodik zweifelfreie und aussagekräftige Langzeitstudien zum Zusammenleben Hund–Hund und Hund–Mensch stehen noch aus.

Bradshaw und Kollegen haben 2009 eine interessante Studie über kastrierte Rüden in Gruppenhaltung im Tierheim veröffentlicht. Sie wollten mit ihrer sechs Monate dauernden Beobachtung herausfinden, ob sich in der Gruppe aus 19 Rüden eine Art hierarchische Struktur entwickelte. Dies war nicht der Fall. Die Interaktionen zwischen den Hunden zeigten, dass sie Verhaltensmuster für den individuellen Kontakt und Umgang miteinander lernten; es gab aber keine vorhersehbaren Muster, die den Schluss auf die Bildung von festen Statusverhältnissen erlaubten. Die Autoren beschrieben, dass sich innerhalb der 19 Rüden drei „Fraktionen" bildeten. Zum einen waren da die sogenannten „Eremiten", die nur selten untereinander oder mit anderen Hunden der Gruppe interagierten. Als zweite Fraktion gab es die „Outsider", die häufiger Kontakt untereinander oder mit anderen Hunden hatten, die aber weder untereinander noch mit anderen feste Zweierbeziehungen bildeten. Und dann gab es die sogenannten „Insider". Diese Hunde bildeten untereinander klar erkennbare Zweierbeziehungen aus; feste Statusbeziehungen oder gar eine Art hierarchische Struktur konnten aber nicht beobachtet werden. Natürlich gibt es an dieser Studie einiges zu kritisieren: Hunde im Tierheim leben anders als Hunde, die einzeln oder zu mehreren eng mit einem oder mehreren Menschen zusammenleben; es wurde nur eine Geschlechtervariante betrachtet und dem Faktor „Rasse" wurde keinerlei Beachtung geschenkt. Auf der anderen Seite braucht es aber solche Studien, um überhaupt einen Anfang zu machen und die weiter oben gestellten Fragen hinsichtlich des Zusammenlebens Hund-Mensch zu beantworten.

Der Mensch hat hier durch sein kommentarloses Weggehen als „neutraler Unterbrecher" fungiert und beide Hunde schauen ihm verblüfft hinterher.

Der Rüde zeigt stationär Imponierverhalten, während die Hündinnen sehr aktiv gegen ihn reagieren. Bei allen ist der Erregungs- und Stresslevel hoch.

Treffen sich zwei …

Was man mit Sicherheit sagen kann, ist, dass sich so etwas wie ein Dominanzverhältnis nur dort etablieren kann, wo Individuen einen engen und häufigen sozialen Kontakt pflegen. Zwei Hunde, die sich auf einem Spaziergang zum ersten Mal begegnen, wissen nichts über des anderen Stärken oder Schwächen, soziale Kompetenz oder Interesse an Ressourcen. Sie haben (noch) keine soziale Beziehung und damit keine Erwartungen an das Verhalten des anderen. Genau dies erzeugt Unsicherheit und deshalb beobachtet man beim Zusammentreffen unbekannter Hunde häufig aus Unsicherheit resultierende Verhaltensmuster. Je nach Vorerfahrungen der individuellen Hunde kann es sich um Imponierverhalten handeln, um aggressives Verhalten, Verhalten zur Deeskalation, deutliches Angstverhalten oder einer Mischung aus allem. Alle diese Verhaltensmuster sind Ausdruck eines inneren Konfliktes. Der Hund will einerseits Informationen über sich geben und vom anderen bekommen, um stressfreier und weniger unsicher aus der Situation heraus und/oder in ein mögliches nächstes Zusammentreffen hineingehen zu können. Andererseits muss er genau dazu näher an den anderen Hund heran, dessen Verhalten und Stimmung er noch nicht genau einschätzen kann, und riskiert dabei eventuell eine offensive Reaktion. Einige Hunde zeigen sich bei der „Informationsbeschaffung“ sehr auffällig-aufdringlich und massiv, andere sind eher zurückhaltend-abwartend. Das auffällig-aufdringliche Verhalten ist es, welches vom Menschen fälschlicherweise mit dem Etikett „dominant“ versehen wird , und die Menschen übersehen, dass auch hier Unsicherheit, Angst und Stresst im Vordergrund stehen.

Den anderen einschätzen lernen

Wenn sich solche nicht-zusammenlebenden Hunde dann im Laufe einer bestimmten Zeit mehrmals treffen, werden Erfahrungen aus vorherigen Zusammentreffen das Verhalten in den späteren Treffen bestimmen. Bestimmte Signale werden gelernt und erlauben es den Interaktionspartnern, Verhaltensmuster bei diesen Begegnungen vorherzusagen und entsprechend darauf zu reagieren. Je nachdem wie häufig sich diese Hunde treffen, könnte man ab einem bestimmten Zeitpunkt durchaus von einer Art Statusverhältnis sprechen. Ob solch ein „Statusverhältnis“ dem entspricht, welches zwischen zwei „wirklich zusammenlebenden“ Hunden herrschen könnte, ist unbekannt. Die bis jetzt vorliegenden Untersuchungen zu Hundegruppen zeigen auf alle Fälle, dass hierarchische Strukturen kaum bzw. nur selten zu beobachten sind, wenn die Gruppen regelmäßig wechseln oder erst aus erwachsenen Hunden zusammengestellt wurden. Gewisse hierarchische Strukturen kann man da beobachten, wo es sich um stabile Gruppen aus Eltern und Nachkommen handelt.

Hund und Mensch als soziale Gruppe

Die Frage nach hierarchischen Strukturen in gemischten Gruppen (Hund–Mensch) ist nach wie vor ungeklärt. Wenn man die Schlussfolgerungen aus Beobachtungen an Wölfen, verwilderten Haushunden und Haushunden untereinander logisch weiter denkt, müsste das Verhältnis Hund–Mensch noch variabler sein und noch weniger auf Statusbeziehungen basieren.

Der rechte Hund zeigt sehr dezentes Meideverhalten als Reaktion auf die hektische Annäherung.

Regeln statt Dominanz

Statt von Dominanz und Hierarchie zu sprechen, macht es für die Hund-Mensch-Gemeinschaft vielleicht mehr Sinn, von „Spielregeln" zu sprechen. Spielregeln machen das Leben einfach. Wer sich an sie hält, weiß, was er zu erwarten hat. Da unsere Hunde mit uns in einer von Menschen geprägten Gesellschaft leben, ist es sinnvoll, dass Menschen diese Spielregeln aufstellen. Sie sollen dazu führen, dass jeder der Beteiligten ein gutes Leben hat und niemand zu Schaden kommt. Der Mensch stellt Spielregeln auf und die Hunde lernen durch korrektes, eindeutiges und konsequentes menschliches Verhalten: „Es geht uns gut, wenn wir uns nach diesen Spielregeln richten." Dabei brauchen die Spielregeln nicht mit Druck oder Gewalt etabliert oder auf Dauer gehalten zu werden.

Lektion gelernt. Der linke Hund hat die Spielregel begriffen: Möchte ich weiter Kontakt, ist ruhiges Abwarten die beste Strategie.

Zum Regiegeber wird der Mensch nicht durch Gebrüll oder massive körperliche Manipulation, sondern durch eindeutige und konsequente Kommunikation und durch das eindeutige und konsequente Verwalten von Ressourcen. Für viele Hunde ist die wichtigste Ressource Aufmerksamkeit (= Sozialkontakt) – und gerade hier überschütten Besitzer ihre Hunde oft und reagieren auf jede Annährung oder auffordernde Aktivität des Hundes. Wenn ein Hund aber in einem derartigen sozialen Paradies lebt, können schnell Probleme auftauchen. Warum sollte ein Hund in bestimmten Situationen auf seinen Besitzer achten (z.B. beim Training), wenn er doch gerade viel interessantere Dinge vor der Nase hat und im Übrigen zu Hause jederzeit den Sozialkontakt bekommt, den er möchte. Wenn der Mensch dagegen den Sozialkontakt (= Streicheln, Ansprechen, Spielen, Anschauen) konsequent verwaltet, wird der Hund grundsätzlich aufmerksamer. Schließlich möchte er keine Gelegenheit verpassen, in der er sich „etwas Nettes“ erarbeiten kann. Regieführen bedeutet in diesem Fall natürlich nicht, dass der Hund nur noch selten gestreichelt und ansonsten stundenlang ignoriert wird. Ganz im Gegenteil: Sie dürfen Ihren Hund kahl streicheln – nur nie dann, wenn er es einfordert. Wenn er aber ruhig irgendwo liegt oder ein anderes gewünschtes Verhalten zeigt, darf er eine Streicheleinheit bekommen.

Richtige Kommunikation

Spielregeln konsequent aufzustellen setzt voraus, dass die Kommunikation zwischen Ihnen und Ihrem Hund auch funktioniert. Die Grundlage für eine gut funktionierende Kommunikation müssen Sie liefern. Sie sollten wissen, wie Hunde untereinander kommunizieren und welche Ausdruckselemente mit welchem Informationsgehalt wann eingesetzt werden. Zusätzlich

Spielregel für das Passieren eines anderen Hundes an der Leine: Konzentrier dich auf mich – das lohnt sich immer.

sollten Sie eine Vorstellung davon haben, welche Ressourcen für Ihren individuellen Hund wann wichtig sind. Dann können Spielregeln sinnvoll und ohne Tierschutzrelevanz aufgestellt werden, denn konsequentes und eindeutiges menschliches Verhalten wird dazu führen, dass auch der Hund seinen Menschen versteht und als verlässlichen Kommunikationspartner einschätzt und schätzt.

Vom sozialen Wolf zum sozialen Hund

Kommunikation und Ausdrucksverhalten von Hunden haben sich im Vergleich zum Wolf im Zuge der Domestikation verändert – und der Domestikationsprozess hat Hunde darauf programmiert, sozial sehr aufgeschlossen, sehr lernfähig und freundlich gegenüber Menschen zu sein. Auf die Unterschiede im Ausdrucksverhalten Hund–Wolf und einzelner Hunderassen gehen wir noch intensiver ein (siehe S. 28). Hier sollen einige wichtige Punkte im Lernverhalten im Zusammenhang mit Menschen und bei den kognitiven Fähigkeiten vorgestellt werden. Erst seit knapp zehn Jahren beschäftigen sich Forscher intensiver mit Intelligenz und Kognition bei Hunden – und die Ergebnisse sind äußerst spannend. Einige Wissenschaftler sagen, dass Hunde eine spezielle und einzigartige Form von Intelligenz auszeichnet, die sich parallel zur Domestikation durch das Zusammenleben mit Menschen entwickelt hat. Andere Forscher stellen direkte Vergleiche zwischen Intelligenz und Lernverhalten, z.B. durch Nachahmung, zwischen Hunden , Kindern, erwachsenen Menschen und Menschenaffen an.

„Was hast du mir gerade gesagt? Bitte wiederhole das noch einmal, damit ich es richtig verstehen kann."

Kommunikation im Training

Training bedeutet immer eine intensive soziale Interaktion und Kommunikation mit einem Hund – und besonders die konsequente und im Timing exakte Ja-Nein-Kommunikation ist ein Schlüssel für effektives Training. Effektives Training bedeutet, dass der Hund in kurzer Zeit erfolgreich Signal und Verhalten assoziiert und jederzeit abrufbar im Langzeitgedächtnis abspeichert. Das „Ja" stellt dabei eine Kombination aus Belohnungssignal (z.B. PRIMA oder Click des Clickers) und primärem Verstärker (z.B. Futter) dar, welches in kurzem zeitlichem Abstand (nach Möglichkeit gleichzeitig) zum gewünschten Verhalten präsentiert wird. Das „Nein" kann zum Beispiel durch das Ausbleiben des „Ja" vermittelt werden, oder man setzt ein zuvor auftrainiertes Signal mit aversiver Bedeutung ein. Blackwell und Kollegen konnten z.B. zeigen, dass bei derart konsequent und exakt trainierten Hunden der Level an Stresshormonen während des Trainings, im Vergleich zu den vorher erhobenen Basiswerten, nicht anstieg.

Der im Zuge einer Ermahnung erhobene Zeigefinger verwirrt den Hund: Das Signal für SITZ sieht doch ähnlich aus? Ebenso verwirrt das frontale Stehen bei den ersten Übungen für den Rückruf: „Wieso rufst du mich, wenn du mich durch deine Körpersprache auf Distanz halten willst?"

Im Umkehrschluss bedeutet dies, dass Hunde im Training stärker unter Stress stehen, je inkonsequenter belohnt wird (schlechtes Timing und/oder variable Gabe der Belohnung) und je inkonsequenter der Mensch insgesamt im Training oder auch außerhalb des Trainings mit dem Hund kommuniziert. Jeder Hund lernt nur, um seinen eigenen Zustand zu optimieren. Unbekannte oder nicht einschätzbare Situationen und die Tatsache, dass der Hund mit seinem Verhalten seinen eigenen Zustand nicht optimieren kann (= mangelnde Kontrollmöglichkeit über die Situation), starten die Ausschüttung von Stresshormonen. Blackwell und Kollegen fanden z. B. einen engen kausalen Zusammenhang zwischen dem Auftreten von Problemverhalten und inkonsequenter Kommunikation des Menschen im Alltag und im Training. Je weniger das Verhalten der Menschen für den Hund vorhersehbar war, desto schneller gerieten sie in der direkten Interaktion in einen Stresszustand und desto häufiger entwickelten sich Verhaltensprobleme.

Richtig belohnen

Kommunizieren Sie kurz und eindeutig mit dem Hund, sowohl beim Kommando als auch beim Belohnungs- oder Strafsignal. Ein „Fein-ist-das" oder ein „Pfui-ist-das" sind jeweils schon zwei Wörter zu viel. Paaren Sie Belohnungssignal und primären Verstärker (z. B. Leckerli) sehr lang konsequent und exakt und gehen Sie nicht zu früh in eine variable Nutzung des reinen Belohnungssignals über. Achten Sie insgesamt bei Belohnungen auf perfektes Timing (Gleichzeitigkeit) und Konsequenz (nicht „mal so, mal so" belohnen). Lieber länger regelmäßig belohnen als zu früh in die variable Belohnung übergehen. Überdenken Sie den Einsatz von Strafsignalen (aversiven Signalen) gut. Gerade hier sind exaktes Timing, Konsequenz und Regelmäßigkeit besonders wichtig. Können Sie diese Vorgaben in bestimmten Situationen nicht einhalten, ist es besser, dort auf Strafe zu verzichten. Schreien von Kommandos wie PFUI, eventuell zusammen mit bedrohlicher Körperhaltung, verwirren eher und lösen

Stress mit allen negativen Konsequenzen aus, als dass sie tatsächlich einen schnellen und belastbaren Lerneffekt bringen. Trainer sollten ihre Körpersprache und alle weiteren non-verbalen Signale inklusive Kleidung im Training intensiv berücksichtigen. Bei „Ungehorsam" des Hundes sollte man an solche Elemente denken und nicht gleich den Fehler beim Hund suchen.

Körpersprache im Training

Fukuzawa und Kollegen haben untersucht, welche Rolle Faktoren wie die Körperposition des Trainers, sein Augenkontakt zum Hund und seine Stimme im Hinblic k auf ein erfolgreiches Training spielen. Die Forscher kamen zu dem Ergebnis, dass man keinen dieser Faktoren vernachlässigen darf: alle haben das Verhalten des Hundes im Training signifikant beeinflusst. Adachi und Kollegen fanden heraus, dass Hunde anscheinend ein visuelles Bild generieren, wenn sie eine bekannte Stimme hören. Dies bedeutet, dass sie über eine mentale Repräsentation des Gesichts ihres Besitzers/Trainers verfügen. Passen Gesicht und Stimme nicht zusammen, sind die Hunde irritiert und ein Stresszustand wird ausgelöst. Versagt dem Besitzer die Stimme (z. B. vor Aufregung in einer Prüfung), zieht er sich zur Feier des Tages (Prüfungstag!) eine neue Jacke an oder drückt der eigene Prüfungsstress ihm auf die Schultern (geänderte Körperhaltung), kann dies Stress mit allen negativen Folgen beim Hund auslösen.

Genauer Beobachter

Non-verbalen menschlichen Signalen (Körpersprache und Gesten wie z. B. Zeigen mit der Hand) kommt im Training eine besondere Rolle zu. Pongracz und Kollegen konnten zeigen, dass Hunde auf diese Signale umso besser achteten, je deutlicher sie zu Beginn einer Trainingseinheit mit einem akustischen Signal eingeleitet wurden; dieses Signal schien zu bewirken, dass der Hund sich auf den Menschen fokussierte. Hunde achten in der Interaktion mit Menschen sogar besser auf Körpersprache und Gesten als unsere nächsten Nachbarn in der Evolution, die nicht-menschlichen Primaten. Es wird angenommen, dass dieser Bereich der Kommunikation eine große Rolle in der Domestikation gespielt hat (Hunde als Helfer des Menschen) und Hunde darum unter anderem unbewusst auf diese Fähigkeit hin selektiert wurden.

Rückruf für Einsteiger: Der Mensch animiert den Hund durch das Hinhocken zum Herankommen und darüber kann das Signal erfolgreich eingeführt werden.

Lernen durch Imitation

Miklósi und Kollegen konnten zeigen, dass ein Hund ein zuvor auftrainiertes Kommando „Mach es mir nach" in neue, unbekannte Trainingssituationen übertragen konnte. Auch ohne das Kommando „Mach es mir nach" können Hunde durch Zugucken bei menschlichen und hundlichen Vorbildern lernen; sie imitieren dann erfolgreich das beobachtete Verhalten in analogen Problemsituationen. Interessant war hierbei ein Versuchsansatz mit Hunden, die entweder einzeln oder mit einem zweiten Hund zusammen lebten. Beide Gruppen lösten eine „Umwegaufgabe" ohne „Vorbild" im ersten Versuch nur zufällig. Hatten sie ein „hündisches" Vorbild zum Imitieren, lösten sie die Aufgabe signifikant häufiger. Am besten schnitten dabei die Hunde ab, die als jüngere oder im Status niedrigere Partner in einem Zwei-Hunde-Haushalt lebten. Ihre jeweils älteren/ranghöheren Partner lösten die Aufgabe sogar schlechter als die Hunde aus Einzelhundehaltung.

Die Genauigkeit, mit der Hunde eine „vorgeturnte" längere Verhaltenssequenz nachmachten, war zudem abhängig davon, wie häufig sie vorher einzelne Komponenten dieser Sequenz hatten imitieren können. Außerdem scheint die Art der Imitation davon abhängig zu sein, ob sich für den Hund – sehr vermenschlicht gesprochen – eine Art Sinnhaftigkeit im Verhalten des „Vorturners" erkennen lässt. Ein Hund A sah z. B. einen anderen Hund B an einem Strick ziehen, an dessen Ende ein Leckerchen war. B manipulierte den Strick immer umständlich mit den Pfoten statt einfach mit dem Maul. Wenn er hierbei einen Ball im Maul hatte und den Strick tatsächlich auch nur mit den

Der Hund steht in Grundposition für die Aufgabe „Slalom um die Beine". Die Aktionseinheit („Los gehts") geht beim rechten Bild gerade über in die Kommunikationseinheit (das rechte Bein der Besitzerin startet die Bewegungsabläufe für beide).

Pfoten manipulieren konnte, manipulierten die anderen Hunde den Strick später trotzdem mit dem Maul; hatte B keinen Ball im Maul, manipulierten die anderen Hunde mit den Pfoten. Solch ein Verhalten lässt sich auch bei Kleinkindern vor dem Erwerb von Sprache beobachten: Sie imitieren ein bestimmtes „unsinniges" Verhalten nur, wenn der Kontext keinen Grund vorgibt, warum dieses unsinnige Verhalten gezeigt wurde. Wenn z.B. ein Mensch einen Klotz mit dem Mund vom Boden nimmt und dabei deutlich hinter dem Körper fixierte Hände hat, wird ihn das Kleinkind trotzdem mit den Händen aufnehmen. Andernfalls benutzt es beim Nachmachen des Aufnehmens auch den Mund.

Lernen durch Imitation: Der Nachwuchs guckt sich eifrig an, was sein großer Kumpel und Frauchen so machen und hat dabei selber schon fast die richtige Körperhaltung.

Kooperation durch Imitation

Hunde haben im Training, z.B. beim Suchen von Objekten, sehr schnell mentale Vorstellungen von Orten. Sie suchen dann an bekannten Orten seltener mit der Nase, sondern orientieren sich hauptsächlich an Sichtmarken. Dazu kommt, dass sich zwischen Hund und Mensch im Verlauf einiger Trainingssequenzen für bestimmte Aufgaben zeitlich definierte Muster der Kooperation herausbilden. Solche Muster bestehen z.B. aus Aktionseinheiten („Wir gehen zusammen los") und Kommunikationseinheiten („Zeigen in eine bestimmte Richtung"); die Einheiten laufen zeitlich versetzt ab und beeinflussen sich gegenseitig.

Vor- und Nachteile der Imitation

Für das praktische Training hat das schnelle Lernen durch Imitation und auf menschliche Gesten hin Vor- und Nachteile. Dort wo Hunde auf Signal gezielt bestimmte Verhaltensweisen zeigen sollen, bringt das Lernen durch Imitation Vorteile. Dies gilt besonders für Verhaltensketten wie z.B. das Apportieren über ein Hindernis. Im Agility lässt sich das Training durch ein sauberes „Mach-es-mir-nach"-Kommando zusammen mit Zeigegesten sicher deutlich beschleunigen. Dort wo Hunde aber selbstständig auf ein Ziel hinarbeiten sollen und sich dazu an Signalen orientieren, die der Mensch nicht einfach wahrnehmen kann (Nasenarbeit wie z.B. Mantrailing oder Drogensuche), besteht die Gefahr des unbewussten Beeinflussens durch den Menschen. Menschen müssen sich all ihrer körpersprachlichen Signale bewusst werden, die sie im Training aussenden, um nicht unbewusst Hinweise auf den zu suchenden Gegenstand oder die zu verfolgende Spur zu geben bzw. um nicht das Suchverhalten zu früh zu bestätigen/belohnen. Haben sich hier

Hunde achten sehr genau auf menschliche Zeigegesten und nutzen sie unter anderem auch als Hilfe für die Orientierung im Raum.

erst einmal für den Hund ein Kooperationsmuster und eventuell eine mentale Ortsrepräsentation ausgebildet, wird der Hund nicht mehr zuverlässig suchen. Er wird sich stattdessen im Problemfall (Fährte unsicher) auf Signale des Menschen verlassen und letztendlich falsch anzeigen. So kann sich ein System an Missverständnissen entwickeln, an deren Ende der nicht verlässlich arbeitende Hund steht.

Unterschied Wolf – Hund

Gacsi und Kollegen konnten zeigen, dass Hunde deutlich früher in ihrer Entwicklung auf menschliche Gesten achteten als Wölfe, selbst wenn die Wölfe analog zu den Hunden an Menschen sozialisiert worden waren. Hunde im Alter von vier Monaten fanden verstecktes Futter, wenn die Menschen auf Distanz in die Richtung des Verstecks zeigten. Dabei musste das Signal nicht einmal stehenbleiben. Es genügte, wenn der Mensch einmal kurz in die Richtung zeigte, bevor der Hund losgelassen wurde und suchen konnte. An Menschen sozialisierte, gleichaltrige Wölfe fanden das Futter nur, wenn die Menschen es mit der Zeigegeste fast berührten oder wenn sie zuvor aufwendiges Training mit der Geste durchlaufen hatten. Bei den erwachsenen Hunden und Wölfen waren die Ergebnisse in den Zeigeaufgaben dann wieder fast identisch. Die Forscher gehen davon aus, dass Hunde generell sensibler in der Kommunikation mit Menschen sind. Hunde, die ein einfaches Objekterkennungstraining durchlaufen hatten, sahen sich z. B. im Vergleich zu Wölfen auch signifikant häufiger nach dem Trainer um, als sie mit einer ähnlichen, aber unlösbaren Aufgabe konfrontiert wurden.

Epigenese und Verhalten

Die Ursache für diesen Sensitivitätsunterschied zwischen Hunden und Wölfen scheint nicht nur domestikationsbedingt zu sein. Es wird angenommen, dass neben der selektiven Zucht auf weniger Angst und weniger Abwehrverhalten gegenüber Menschen auch epigenetische Prozesse zu diesen Unterschieden in der Kommunikation mit Menschen geführt haben – Unterschiede nicht nur zwischen Wolf und Hund, sondern auch zwischen verschiedenen Hunderassen.

Epigenetik ist ein relativ neuer Bereich in der Genforschung und beschäftigt sich mit den Prozessen, die dafür verantwortlich sind, dass in bestimmten Zellen nur bestimmte Gene aktiv sind. Alle Zellen in einem Organismus haben identische Erbinformationen (identische DNA) in ihrem Zellkern, aber aus einigen werden Nervenzellen, aus anderen weiße Blutkörperchen etc. Das An- und Abschalten bestimmter Gene ist für solche Spezialisierungen verantwortlich und wird z. B. auch von Umweltfaktoren oder der Lebensweise (Ernährung, Bewegung, soziale Kontakte) beeinflusst. Darüber kann ein individuelles epigenetisches Muster entstehen, welches auch an die Nachkommen vererbt werden kann.

Epigenetische Unterschiede

Epigenetische Vorgänge werden auch in Bezug auf die Weitergabe oder Tradierung von Verhaltensmustern oder sozialen Mustern diskutiert. So haben z. B. die Wechsel im Informationsgehalt bestimmter Verhaltenselemente beim Hund oder die Tatsache, dass verschiedene Rassen unterschiedlich eng sozialisierbar sind, epigenetische Wurzeln.

Die Verhaltenselemente „mit den Pfoten gegen Maul/Hals der Mutter springen" oder „Lecken der Maulwinkel der Mutter" dienen anfangs dem Nahrungserwerb. In der Phase des Abstillens erreichen die Welpen damit, dass die Mutter Futter hervorwürgt. Hunde zeigen diese Verhaltenselemente aber auch als ältere Tiere. Dann gehört es in den Bereich der aktiven Demut (siehe S. 42) und bedeutet z. B. eine freundliche Kontaktaufnahme oder die Deeskalation eines Konfliktes. Natürlich spielen Lernvorgänge bei der Entwicklung dieser Kommunikationselemente eine sehr große Rolle – aber eben auch epigenetische Prozesse. Ähnlich ist es bei dem Ausmaß, welche Eindrücke Welpen und junge Hunde in ihrer Sozialisationsphase (siehe S. 32) überhaupt lernen können und wie weit gefasst später einmal ihr Weltbild sein wird. Wenn man einen Welpen einer Herdenschutzhunderasse und einen Dackelwelpen identisch aufwachsen lässt, wird man trotzdem bei den erwachsenen Tieren Unterschiede in der Kommunikation mit der belebten und unbelebten Umwelt beobachten. Sie sind darauf zurückzuführen, dass sich beim Herdenschutzhund trotz der analogen Aufzuchtbedingungen ein „engeres Weltbild" als beim Dackel herausgebildet hat. Der Dackel wird immer etwas unbefangener auf neue, unbekannte Umwelteindrücke zugehen.

Info Genetik/Epigenetik

„Den Unterschied zwischen der Genetik und der Epigenetik kann man wahrscheinlich mit dem Unterschied zwischen dem Schreiben und dem Lesen eines Buchs vergleichen. Nachdem ein Buch geschrieben ist, ist der Text (die Gene oder die in der DNA gespeicherte Information) in allen an den interessierten Leserkreis verteilten Kopien der gleiche. Jedoch wird jeder einzelne Leser des Buches die Geschichte auf etwas unterschiedliche Weise interpretieren, mit sich im Laufe der Kapitel unterschiedlich entwickelnden Gefühlen und Erwartungen. In sehr ähnlicher Weise ermöglicht die Epigenetik verschiedene Interpretationen einer festen Vorlage (das Buch oder der genetische Code), was je nach den variablen Bedingungen, unter denen die Vorlage betrachtet wird, zu unterschiedlichen Lesearten führt." Prof. Dr. Thomas Jenuwein, Honorarprofessor für Epigenetik an der Universität Wien.

Grundlagen für Verhalten

Auch Hunde müssen die „Schulbank drücken", um zu lernen, wie man sich gegenüber anderen Hunden (und Menschen) benimmt und wie man am besten mit ihnen spricht.

Wie das Lernen abläuft und was da im Groben passiert, erzählt dieses Kapitel.

Sprache wird gelernt

Bestimmte Verhaltensmuster sind relativ eng genetisch fixiert, andere werden grundsätzlich oder in ihren Variationen und Feinheiten erst in bestimmten sensiblen Phasen gelernt. Eng genetisch fixiert sind Verhaltensweisen, die „sofort funktionieren" müssen, ohne dass der Hund erst lernen muss, wie man es „richtig macht". Brutpflegeverhalten gehört z.B. in diese Kategorie. Wenn eine erstgebärende Hündin erst über Versuch und Irrtum lernen müsste, wie sie ihre Welpen am besten umsorgt, hätte zumindest ihr erster Wurf nur eine geringe Überlebenschance. Ähnliches findet sich auch bei Welpen in den ersten Lebenstagen. Die Programme für „Nahrung finden" und „warm bleiben durch Kuscheln bei Mama und den Geschwistern" laufen fast automatisch.

Wir sprechen doch alle die gleiche Sprache, oder?

Kommunikationsmuster und Kommunikationsformen für das soziale Miteinander gehören in die zweite Kategorie. Hier durchlaufen die Hunde intensive und zum Teil länger andauernde Lernprozesse, um die Feinheiten und Variationen einzelner Ausdruckselemente und ihr Zusammenspiel zu lernen.

Gelungene Welpengruppe: unterschiedliche Rassen lernen „das Sprechen" miteinander. Eine etwas ältere Hündin (S. 33) zeigt dazu den kontrollierten Umgang mit Aggression und sinnvolle Reaktionen auf einen aggressiven Partner.

Dabei lernen sie nicht nur diese Elemente und Muster selbst zu zeigen, sondern auch ihr Gegenüber korrekt zu lesen. Jeder Hund kann, bei entsprechend langer Nase, den Nasenrücken runzeln. Muskulatur und Nervenbahnen – also die anatomischen Voraussetzungen – sind vorhanden. In seiner Jugend muss er aber lernen, wann und wie intensiv er die Nase runzeln sollte, welche möglichen Konsequenzen er damit auslöst und welche Bedeutung es für ihn haben kann, wenn sein Gegenüber die Nase runzelt.

Gelungene Sozialisation

Die Feinheiten und Variationen des Sozialverhaltens, das Wann und Wie, lernt der Hund in der sogenannten Sozialisationsphase. Diese Entwicklungsphase beginnt mit dem Ende der dritten Lebenswoche und läuft ab der sechzehnten Lebenswoche, zum Ende der Welpenzeit, langsam aus. Auch danach können Hunde noch neue Kommunikationsmuster oder Differenzierungen bereits vorhandener Muster lernen – es braucht dann nur deutlich länger, weil das Gehirn nicht mehr ganz so plastisch ist wie zuvor. Deshalb ist es wichtig, dass gerade Welpen viel Kontakt mit Hunden (und Menschen) unterschiedlicher Altersstufen und äußerer Erscheinungen haben. Wichtig ist auch, die Welpen in dieser Phase nicht „in Watte zu packen". Sie benötigen auch Erfahrungen mit unangenehmen Situationen. Ein Welpe, der nur freundliche Hunde kennenlernt, wird später nicht sehr kompetent im Umgang mit kritischen Situationen sein und er wird auch keine gute Beißhemmung besitzen. Für jeden Welpen muss darauf geachtet werden, diese Erfahrungen individuell zu gestalten. Was für den einen nötig ist und ihn nicht überfordert, kann für den anderen unter Umständen schon deutlich zu viel sein. Gerade bei organisierten Welpenspielstunden muss man individuell auf jeden Welpen eingehen.

Info | Beißhemmung

Beißhemmung bedeutet nicht, dass der Hund nie mehr beißt – es bedeutet, dass er sehr genau kontrollieren kann, wann und wie massiv er seine Zähne einsetzt.

Kontrollierte Aggression

Hunde durchlaufen, wenn sie entsprechend gut sozialisiert wurden, beim Zeigen von Aggressionsverhalten Eskalationsstufen. Ein Hund mit einer guten Beißhemmung wird echtes Beschädigungsbeißen in einem Konflikt erst spät und als letztes Mittel einsetzen, um seine Interessen durchzusetzen. Wenn er vorher schnappt, wird dieses Schnappen sehr gehemmt und kontrolliert gezeigt werden. Sollten dadurch Wunden beim Gegenüber entstehen, sind diese eher zufällig; z.B. weil der Konfliktpartner sich im falschen Moment in die falsche Richtung bewegt hat und vielleicht in das Schnappen des anderen „hineingelaufen" ist. Auch im Spiel können Hunde ihre Zähne einsetzen und auch hier ist die Beißhemmung wichtig.

Übung im Spiel

Beißhemmung lernt ein Hund nur, indem er beißt! So wie man Fahrradfahren nur lernt, wenn man sich aufs Fahrrad setzt, lernt der Hund das kontrollierte Einsetzen seiner „Waffen" nur – indem er sie gebraucht. Welpen mit ihren kleinen spitzen Zähnen sind dafür ideal ausgerüstet. Die Zähne pieken fürchterlich, können aber keine größeren Schäden verursachen. Wenn zwei Welpen rangeln und ihre Zähne einsetzen, lernen sie: Es tut weh, wenn der andere sein Maul in meinen Pelz versenkt; und wenn ich das Gleiche bei ihm mache, schreit er und spielt nicht mehr mit mir und vielleicht piekt er mich davor auch noch. Es ist also wichtig, Welpen auch rau miteinander spielen zu lassen. Wer jedes Mal sofort eingreift, wenn Welpen im gemeinsamen Spiel quieken oder schreien, und die Tiere trennt, gibt ihnen keinen guten Start ins Leben.

Der Flat-Coated Retriever Welpe kommt dem jungen Foxterrier aufdringlich-lästig daher. Der Foxterrier weicht zunächst nur leicht aus.

Auch im Kontakt mit Menschen sollten Hunde die Beißhemmung üben. Zum Beispiel indem der Mensch bei intensiverem Zahnkontakt das Spiel zügig abbricht („Aua" sagen und sofort weggehen). Wird dies häufig wiederholt, lernt der Hund mit seinen Zähnen vorsichtiger zu sein: schließlich möchte er nicht, dass das Spiel beendet wird. Leider verhalten sich Menschen beim Spiel mit Welpen oft genau umgekehrt. Sie finden es schön, dass der kleine Kerl mit ihnen herumbalgt, und ziehen sich zur Not noch Handschuhe an oder wickeln ein Handtuch um die Hand ... so lernt der Hund: „Menschenhaut kann viel aushalten und man kann herzhaft hineinbeißen." Solche Hunde sind später besonders beim Kontakt mit Menschen sehr grob mit dem Maul.

Mythos „Welpenschutz"

Immer noch ist der Mythos vom „generellen Welpenschutz" weit verbreitet. „Welpenschutz" bedeutet hierbei, dass alle Welpen beim Kontakt mit älteren Hunden Narrenfreiheit haben und sich alles erlauben können, ohne dass der ältere Hund aggressiv reagiert. Diese Vorstellung von der Hundewelt ist falsch und kann schnell, besonders wenn von Menschenseite dogmatisch auf dem „Welpenschutz" beharrt wird, zu Unfällen führen. Einen generellen Welpenschutz gibt es unter Hunden oder Wölfen nicht. Es ist wahr, dass innerhalb eines Rudels die älteren Tiere gegenüber den Welpen gutmütig sind und sich viel gefallen lassen. Aber auch hier wird ein älteres Tier einem Welpen deutlich zeigen, wo seine Grenzen sind. Nur wenn Welpen im Sozialkontakt auch Grenzen kennenlernen, können sie soziale Kompetenz entwickeln. Genau dies ist der „wahre" Welpenschutz: Ein Welpe, der gelernt hat, sich zu benehmen, wird selten unfreundliche Reaktionen bei älteren Tieren provozieren.

Gegenüber fremden Welpen (Welpen aus einem anderen Rudel) wäre ein erwachsener Wolf überhaupt nicht freundlich. In unserer Gesellschaft treffen Welpen und Junghunde permanent auf unbekannte ältere Tiere. Die Tatsache, dass es beim Kontakt zwischen Hunden und fremden Welpen nicht regelmäßig zu Zwischenfällen

Jetzt hat der Flat die Toleranzgrenze seines Spielkumpels überschritten. Der Foxterrier dreht sich schreiend um und wird danach kurz mit den Milchzähnen schnappen.

kommt, ist sicher als ein Produkt der Domestikation, der Anpassung an die von Menschen geprägte Umwelt und eine gute Sozialisation zu werten. Wenn aber ein älterer Hund einen Welpen anknurrt, darf man ihn nicht pauschal als „bösartig“ oder „verhaltensgestört“ bezeichnen. Er hat vermutlich seinen guten Grund und es ist von Menschenseite dafür zu sorgen, dass Konfliktpotential reduziert wird; z. B. indem man die beiden langsam aneinander gewöhnt und dem alten Hund Rückzugsmöglichkeiten eröffnet bzw. Tabuzonen für den Welpen schafft.

Aggression

Keine Gruppe von hundlichen Verhaltensmustern ist so „verrufen“ und wird so kontrovers diskutiert wie das Aggressionsverhalten. Dabei gehört Aggression genauso zum Normalverhalten von Hunden wie Nahrungsaufnahme oder der Verdauungsschlaf danach; es gehört in den Bereich des Sozialverhaltens, denn es wird in der Regel im sozialen Kontext gezeigt. Auf die einzelnen Elemente des Aggressionsverhaltens gehen wir noch genauer ein (siehe Seite 97 ff.). Hier soll intensiver auf das Wann und Warum von Aggressionsverhalten eingegangen werden.

Info | Aggression und Jagd

Echtes Aggressionsverhalten ist gegen reines Jagdverhalten abzugrenzen: Der Begriff „Beuteaggression“ ist unglücklich gewählt. Bei beiden Gruppen von Verhaltensmustern wird zwar Beißen als Verhaltenselement gezeigt, aber die Gehirnaktivität ist je nach Kontext völlig unterschiedlich. Beim jagdlichen Beißen (Packen und Töten der Beute) sind andere Hirnbereiche aktiv als beim aggressiven Beißen. Außerdem finden bei einer aggressiven Auseinandersetzung intensiver Sozialkontakt und intensive Kommunikation statt, während dies bei einer Jagdsequenz nicht der Fall ist. Überschneidungen oder Übergänge zwischen den beiden Reinformen können dort auftreten, wo sich eine Beute wehrt oder wo ein Spiel mit jagdlichen Elementen plötzlich kippt.

Das Töten der Beute stellt kein echtes Aggressionsverhalten dar – im Gegensatz zum Vertreiben eines Konkurrenten (ob mit oder ohne Flügel) um die Beute.

Drohverhalten (Wolf rechts) gehört zum aggressiven Verhalten. Der linke Wolf reagiert mit Abwenden und Weggehen, zeigt dabei aber auch ein leichtes optisches Drohen.

Evolutionäre Grundlagen

Aggressionsverhalten gehört zu den phylogenetisch (Phylogenese = die Entwicklungsgeschichte von Organismen) alten Verhaltensmustern. Man findet frühe Formen schon bei einzelligen Lebewesen. Auch diesen frühen Lebewesen ging es darum, ihre Bedürfnisse zu decken und dabei keine Schäden zu erleiden – und Aggressionsverhalten ist eine von mehreren Möglichkeiten, wie man dieses Ziel (Optimierung des eigenen Zustands) erreichen kann. Im Laufe der Evolution wurden dann die Waffen und Ausdrucksmöglichkeiten verbessert und ebenso das Sensorium, um kritische Situationen wahrzunehmen. Der Sinn von aggressiven Verhaltensmustern ist aber über den Verlauf der Evolution der gleiche geblieben: Aggressives Verhalten dient dazu, eine räumliche und/oder zeitliche Distanz zu einer Bedrohung herzustellen.

Agonistisches Verhalten

Im englischsprachigen Raum verwendet man für die Verhaltensmuster, die eine räumlich-zeitliche Distanz zu einer Bedrohung herstellen sollen, die Bezeichnung „agonistic behaviour" (agonistisches Verhalten). Dieser Begriff umfasst nicht nur das aggressive Verhalten im eigentlichen Sinn (das sogenannte antagonistische Verhalten), sondern noch weitere Verhaltenselemente oder -muster, die helfen, das Ziel „räumlich-zeitliche Distanz" zu erreichen. Zum Beispiel gehören auch Fluchtverhalten oder Drohverhalten (aggressive Kommunikation) zum agonistischen Verhalten.

Die vier F´s – Reaktionsmöglichkeiten bei Bedrohung

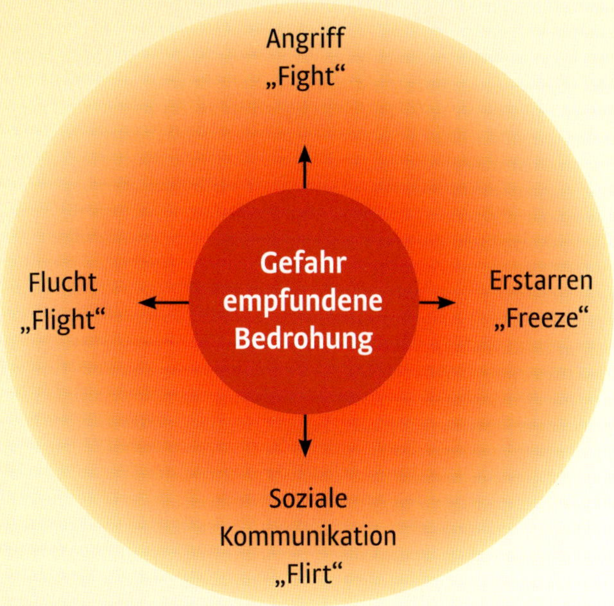

Reaktionsmöglichkeiten bei einer objektiven oder subjektiven Gefahr:

1. Fliehen und hoffen, dass der andere langsamer ist (engl. flight)
2. Erstarren und hoffen, dass der andere einen nicht mehr beachtet (engl. freeze)
3. Angreifen und hoffen, dass der andere schwächer ist (engl. fight)
4. Versuchen, mit dem anderen zu kommunizieren und zu erreichen, dass man sich ohne Kampf einigen kann und dass nicht einer aus der Gruppe fliehen muss (engl. flirt)

Eskalationsstufen

Üblicherweise reagieren Hunde in Konflikten nicht von null auf hundert mit Beißen. Sie durchlaufen Eskalationsstufen und beginnen mit dem Verhalten, welches einerseits schon wichtige Informationen liefert (leises Knurren = „dieser Knochen gehört mir“), andererseits aber noch nicht viel Energie und Verletzungsrisiko kostet. Wenn der Kontrahent weiter versucht, den Knochen zu klauen (weil er das Knurren nicht wahrnimmt oder weil der Knochen auch für ihn wichtig ist), kann der Knochenverteidiger in der Kommunikation eine Stufe höher schalten, stärkeres Drohverhalten zeigen und im weiteren Verlauf, wenn nötig, sogar schnappen. Auch für das Einhalten der Eskalationsstufen und das Zeigen von situationsadäquater Kommunikation gilt: Der Hund muss es in seiner Sozialisationsphase gelernt haben, und er muss phänotypisch in der Lage sein, subtile Signale zu senden. Wir erleben es häufiger, dass einem Hund nach einem Beißvorfall unterstellt wird, er hätte nicht gewarnt. In der Realität kommen solche Fälle (zum Glück) nur äußerst selten vor. In der Regel gibt es für jeden Hundebiss eine Vorgeschichte der schleichenden Entwicklung und Eskalation – und immer gehören Menschen dazu, die Hunde nicht richtig „lesen“ konnten und subtile Warnsignale oder leicht kritische Situationen nicht erkannt haben.

Reaktion auf Bedrohung

Fühlt sich ein Lebewesen bedroht, hat es grundsätzlich vier Möglichkeiten, wie es dafür sorgen kann, dass die Bedrohung „verschwindet" und dass es mit heiler Haut aus der Situation hervorgeht.

1. Flucht

Ein Lebewesen kann z. B. vor einer Bedrohung fliehen. Weglaufen ist eine gute Methode, um die eigene Haut zu retten – funktioniert aber nur dann, wenn man schneller laufen kann als der andere und wenn man beim Weglaufen nicht etwas Wichtiges zurücklassen müsste. Bei Konflikten/Bedrohungen im eigenen Territorium suchen Hunde z. B. nicht so schnell ihr Heil in der Flucht, denn das hieße ja, das Territorium aufzugeben.

2. Offensive Aggression

Eine andere Möglichkeit wäre es, die „Bedrohung" zum Rückzug zu bewegen oder zu Töten – z. B. durch offensives Aggressionsverhalten. Damit wäre die räumlich-zeitliche Distanz unendlich. Aber nicht jeder Konflikt bietet sich für diese Lösungsmöglichkeit an. Sich blindlings auf diese Variante einzulassen, birgt Risiken. Der andere könnte stärker oder kampferfahrener sein und man wird eventuell selbst verletzt oder getötet. Bei Konflikten innerhalb der eigenen sozialen Gruppe geht es auch in den allermeisten Fällen nicht darum, die räumlich-zeitliche Distanz unendlich werden zu lassen. Die soziale Gruppe soll als solche erhalten bleiben und ein Hund möchte vielleicht nur kurz für eine ganz bestimmte Ressource klarstellen, dass dies seine ist, ohne gleich einen Kampf auf Leben und Tod zu führen.

3. Soziale Kommunikation

Die dritte Möglichkeit, wie man mit einem Konflikt umgehen, eine Bedrohung vermeiden/beenden kann: Man kann in die soziale Kommunikation einsteigen. Hier besitzen Hunde als hoch soziale Tiere ein fast unendliches Spektrum an Ausdrucksmöglichkeiten – wenn sie die körperlichen Voraussetzungen mitbringen und wenn sie die Möglichkeit hatten, die „Hundesprache" in ihrer Welpen- und Junghundezeit in allen Facetten, Differenzierungen und Variationen zu lernen. In diesen Bereich fallen alle mehr oder weniger subtilen Elemente, mit denen ohne massiven Körperkontakt Konflikte gewonnen oder deeskaliert werden können. Hier hinein gehören sowohl Demuts- als auch Imponier- oder Drohverhalten. Auch andere Verhaltenselemente zur Deeskalation wie Übersprungs-, Spiel- oder Meideverhalten können je nach Kontext dazugehören. Gerade hoch soziale Beutegreifer wie Wölfe haben in genau diesem Bereich einen Schwerpunkt für die Konfliktlösung. So wird der Gruppenzusammenhalt und der Nutzen, den alle aus der intakten Gruppe für sich selber ziehen, nicht gefährdet.

4. Verstecken und abwarten

In der Natur gibt es noch eine vierte Möglichkeit, wie man erfolgreich mit einem Konflikt bzw. einer Bedrohung umgehen kann: Man kann sich klein und unauffällig machen und hoffen, dass der Feind einen nicht bemerkt. Diese Strategie wird häufig von Beutetieren benutzt, um von ihren Jägern übersehen zu werden. Bei Hunden wird diskutiert, ob eventuell Verhaltenselemente wie Meiden oder Übersprungsverhalten (siehe S. 104 ff.) hier einzuordnen sind. Die wissenschaftliche Fachliteratur gibt allerdings aktuell noch keine Tendenz wieder, wie die Diskussion ausgehen wird.

Die vier F´s

In der englischsprachigen Literatur werden diese vier Möglichkeiten der Konfliktbewältigung auch als die „4 F's" bezeichnet: Flight (Flucht), Fight (Angriff, offensives Aggressionsverhalten), Flirt (soziale Kommunikation) und Freeze (Erstarren). Die Grafik auf S. 37 macht deutlich, dass diese Möglichkeiten keine Einbahnstraßen und auch nicht klar gegeneinander abgegrenzt sind. Die Übergänge von einem Bereich zum nächsten sind fließend. Leichtes Drohverhalten gehört sicherlich in die Kategorie „Flirt" – aber starkes Drohen mit Schnappen kann unter Umständen schon als gehemmtes Aggressionsverhalten („Fight") bezeichnet werden. Hunde können eine einmal getroffene Entscheidung „bei diesem Gegenüber reagiere ich lieber mit Flucht" auch durchaus nach zwei Sekunden revidieren und, je nach ihrer Einschätzung der Situation, dann z. B. Demuts- oder Drohverhalten zeigen. Ein Hund reagiert auf das, was ihm sein Konfliktpartner an Informationen liefert. Wie zu Beginn bereits gesagt: Von Kommunikation spricht man, wenn Sender und Empfänger vorhanden sind.

Das Verhalten des einen Hundes beeinflusst das Verhalten des anderen und umgekehrt. Gerade die Schnelligkeit, mit der Hunde ihr Verhalten ändern und z. B. innerhalb von dreißig Sekunden fünfmal den Kreis der 4 F's durchlaufen, überrascht und überfordert viele Menschen – dabei reagieren Hunde nur auf das Verhalten, welches ihnen der Mensch (meist unbewusst) bietet.

Eingeschränktes Verhalten

Grundsätzlich steht einem Hund das volle Repertoire aus den 4 F's in einer Konfliktsituation zur Verfügung. Wenn ein Hund allerdings mehrmals hintereinander in ähnlichen Situationen mit bestimmten Verhaltenselementen Erfolg hatte und mit anderen nicht – und wenn er vielleicht sogar gelernt hat, dass bestimme Verhaltenselemente gar nichts nützen –, kann dies dazu führen, dass sein Verhaltensrepertoire eingeschränkt wird.
Wenn ein Mensch z. B. subtiles Drohen eines Hundes nicht bemerkt oder ignoriert und sich damit aus der Sicht des Hundes das Drohen nicht lohnt, kann es sein, dass der Hund später in einer ähnlichen Situation gleich mit Schnappen reagiert und nicht mehr droht.

Demutsverhalten

Gerade in Fällen der schleichenden Eskalation von Problemen übersehen Menschen in der Regel nicht nur subtiles Drohen, sondern auch die Bemühungen des Hundes, einen Konflikt zu beenden oder gar nicht erst entstehen zu lassen. Hundeverhalten richtig lesen zu können, spielt auch im Bereich von Demuts- und Deeskalationsverhalten eine wichtige Rolle. Man braucht nicht eine Minute lang mit dem Hund zu schimpfen (weil er z.B. im Rosenbeet gebuddelt hat). Wenn der Hund nach fünf Sekunden durch sein Demutsverhalten zeigt, dass er diesen Konflikt beenden möchte, sollte der Mensch sein Aggressionsverhalten einstellen. Das bedeutet nämlich Schimpfen (verbales und körperliches Strafen) aus der Sicht des Hundes: menschliches Aggressionsverhalten. Das eben Gesagte soll nicht heißen, dass Schimpfen eine geeignete Methode wäre, um dem Hund zu vermitteln, dass die Rosen tabu sind. Es sollte nur einen weiteren Bereich von Missverständnissen in der Kommunikation zwischen Mensch und Hund aufzeigen.

Begriffe als Synonyme

Die Begriffe Demutsverhalten, submissives Verhalten, Unterwerfung oder Beschwichtigung sind verschiedene Bezeichnungen für bestimmte Verhaltensmuster von Hunden, die im soziopositiven Kontext (freundschaftlicher Kontakt) oder zur Vermeidung/Deeskalation von Konflikten eingesetzt werden. Zum Teil werden diese Begriffe auch als Synonyme für gleiche Verhaltenselemente oder Verhaltensmuster benutzt. In der Ethologie findet – in der Regel neuen wissenschaftlichen Erkenntnissen geschuldet – regelmäßig eine Diskussion um bestimmte Begriffe statt. Geschichtliche oder gesellschaftliche Entwicklungen nehmen dabei ebenso Einfluss wie (im deutschsprachigen Raum) die englische Sprache. Es kann passieren, dass verschiedene Autoren je nach persönlicher Präferenz unterschiedliche Begriffe verwenden, die mehr oder weniger das Gleiche bedeuten können.

Unterwerfung

Der Begriff „Unterwerfung" impliziert im allgemeinen Sprachgebrauch, dass ein schwächerer Partner aufgibt bzw. sich einem stärkeren Partner ergibt; es ist die gehorsame Unterordnung unter eine Autorität. Im ethologischen Sprachgebrauch des letzten Jahrhunderts wurde „Unterwerfung" z. B. als Verhalten gegenüber einem dominanten Partner definiert; Unterwerfung war demnach Ausdruck gehemmter Aggressionsbereitschaft und wurde als Befriedungsverhalten eines rangtieferen Individuums eingeordnet. Der deutsche Begriff „Unterwerfung" wurde dem englischen Wort „Submisson" (= Unterwerfung/Unterordnung) gleichgesetzt und im sozialen Kontext (soziale Hierarchie) benutzt. Das Missverständnis, dass mangelhafter Gehorsam des Hundes Ausdruck eines Dominanzproblems sei (siehe S. 14), kommt nicht zuletzt durch diese Definition.

Demut

Submission hat die lateinischen Wurzeln „submissus" (bescheiden, demütig) und „submitto" oder „submissio" (beugen, senken, unterwerfen). Schenkel war einer der ersten Forscher Mitte der sechziger Jahre des letzten Jahrhunderts, die ausgehend von der Diskussion über „Unterwerfung" im deutschen

Sprachraum den Begriff „Demutsverhalten“ definiert haben. Er nannte es das „Streben des Unterlegenen nach freundlicher, harmonischer sozialer Reintegration“. Schenkel unterschied auch als erster zwischen Aktiver Demut und Passiver Demut (siehe S. 84).

Beschwichtigung

In den folgenden Jahrzehnten wurde „Aktive Unterwerfung“ gleichgesetzt mit „Aktiver Demut“ bzw. „Passive Unterwerfung“ mit „Passiver Demut“. Teilweise wurde auch im deutschen Sprachraum statt „Demut“ der Begriff „Submission“ verwendet. Dabei wurde das Ganze zumeist im System der strengen und von oben nach unten durchstrukturierten Hierarchie betrachtet: mit Alpha an der Spitze, dem sich die anderen Gruppenmitglieder unterwerfen und dem gegenüber sie Demutsverhalten zeigen, während Alpha kaum Demutsverhalten gegen andere zeigt.

Auch „Beschwichtigung“ wurde in diesen Kontext eingebunden. Durch Zeigen von Demutsverhalten als „Beschwichtigungsverhalten“ soll aggressives Verhalten eines Gegenübers verhindert werden, bzw. schlechte Stimmung soll gar nicht erst entstehen. Aktive und/oder Passive Demut wurden demnach von rangniederen, von untergeordneten Individuen gezeigt, um den Konfliktpartner durch die Anerkennung seiner höheren Position zu beschwichtigen. Man ging früher davon aus, dass Hunde kritische Situationen zumeist über Demutsverhalten als Beschwichtigungsverhalten deeskalieren („entschärfen“).

Aktive Demut

Heute, mit dem neuen Wissen über soziale Strukturen bei Wölfen und Hunden (siehe S. 15 ff.), muss man diesen ganzen Bereich „Demutsverhalten“ viel differenzierter betrachten. Die Bezeichnung eines Zusammenspiels bestimmter Verhaltenselemente als Verhaltensmuster „Aktive Demut“ ist historischen Ursprungs und es spricht nichts dagegen, sie weiter zu benutzen. Man muss aber differenzierter betrachten, wann und warum Hunde dieses Verhaltensmuster einsetzen. Aktive Demut gehört zu den sogenannten sozio-positiven Verhaltensmustern (siehe S. 83 ff.) und wird nicht nur als Reaktion auf eine Bedrohung bzw. aggressives Verhalten eines Sozialpartners gezeigt. Es kann z. B. auch gezeigt werden, um sich einem anderen Hund

Wechselnde Rollen in einer leicht agonistisch getönten Interaktion. Mal weicht der Corgi-Mix mit dezentem Meiden aus, mal reagiert er mit kurzem Drohen: angedeutetes Schnappen auf Distanz.

freundlich zu nähern und damit quasi anzufragen, ob dies genehm ist. Aktive Demut kann auch von einem älteren Hund gegenüber einem deutlich jüngeren gezeigt werden, der aufgrund seines Alters eigentlich viel weniger Anrechte auf bestimmte Ressourcen hätte. Der Ältere nimmt sich dann eventuell auch die streitige Ressource – zeigt aber dabei dem anderen ein freundliches, sozio-positives Verhalten. Demutsverhalten kann so auch gegenüber völlig fremden Hunden (oder Menschen) gezeigt werden. Da sich ein Statusverhältnis (Dominanz–Subdominanz) erst entwickeln kann, wenn sich die Individuen gut kennen, ist Demutsverhalten zwischen fremden Hunden nicht Ausdruck einer Anerkennung der „Dominanz" des anderen, sondern dient tatsächlich der Beschwichtigung, der Deeskalation eines Konfliktes.

Eingliederungsverhalten

Im englischsprachigen Raum geht die Tendenz dahin, „Aktive Demut" als Affiliate Behaviour (deutsch: Eingliederungsverhalten, Verhalten, um einen Zusammenschluss zu zeigen) zu bezeichnen. Es wird nicht schwerpunktmäßig zur Beschwichtigung von Konflikten eingesetzt, sondern hat eher den Zweck, Konflikte gar nicht erst entstehen zu lassen und den Zusammenhalt der Gruppe zu fördern. Demutsverhalten ist im Grunde der wichtigste „soziale Klebstoff" (social glue). Es wird, zumindest bei Wölfen, seltener als direkte Reaktion auf eine Bedrohung gezeigt, sondern häufig spontan bei der Kontaktaufnahme zwischen einzelnen Individuen. Zwischen fremden Hunden kann Aktive Demut zur Beschwichtigung eines Konfliktes gezeigt werden – aber mit der Hintertür, dass weitere Kontakte (bzw. ein intensiveres Kennenlernen) möglich sind.

Passive Demut

Passive Demut wird, im Gegensatz zur Aktiven Demut immer zur Beschwichtigung eingesetzt. Während die Aktive Demut das Ziel hat, dass die Konfliktpartner hinterher noch Kontakt halten können, dient die Passive Demut immer der Distanzvergrößerung. Ein Hund, der passive Demut zeigt, möchte einen Konflikt nicht nur beenden, sondern er möchte danach auch (zumindest für eine bestimmte Zeit) keine Nähe mehr zum Konfliktpartner. Die Passive Demut wird von Menschen häufig falsch interpretiert oder gar nicht gesehen (siehe S. 88).

Die aktive Interaktion ist beendet. Beide haben sich nah zueinander hingelegt. Der Corgi-Mix (rechts) zeigt (spielerisches) Wälzen als Element der Deeskalation.

Die Bordeaux Dogge (rechts) zeigt Stressdisplay: unter anderem Hecheln, leicht nach hinten gelegte Ohren, ausgeschachteter Penis. Der Coonhound zeigt ebenfalls Stressdisplay und dazu ein ambivalentes Drohen.

Einteilung von Verhalten

Bei den Beschreibungen der einzelnen Verhaltenselemente und -muster werden wir die Begriffe Aktive und Passive Demut einheitlich verwenden – unbeschadet der Tatsache, dass diese Verhaltensmuster je nach Situation verschiedene Funktionen haben können. Einzelne Verhaltenselemente eines Hundes lassen sich in funktionellen Gruppen zusammenfassen (z.B. die Gruppe der Verhaltensweisen der sozialen Annäherung, zu der auch die Aktive Demut gehört). Eine Einteilung der Verhaltenselemente in Gruppen kann aber nie eine einhundert Prozent exakte „Entweder-oder-Kategorisierung" sein, nach dem Motto: „Entweder gehört das Verhalten X nur in Gruppe A oder nur in Gruppe B." Überschneidungen sind unweigerlich vorhanden. Deshalb soll im Folgenden noch einmal genauer auf Ethogramme eingegangen und gezeigt werden, in welche Gruppen sich Verhaltensmuster generell einordnen lassen.

Der Verhaltenskatalog

Ein Ethogramm ist eine Übersicht über das Verhaltensinventar einer Tierart, und wird auch als Verhaltenskatalog bezeichnet. Es umfasst alle beobachtbaren, räumlich und zeitlich voneinander getrennten Verhaltensweisen und ist die Grundlage für die Beurteilung eines Hundes. Die Erstellung eines Ethogramms nennt man Ethometrie. Dabei werden die einzelnen Verhaltensweisen/Verhaltenselemente einer Tierart in einem bestimmten Kontext genau definiert, gegeneinander abgegrenzt und dann in Gruppen von Gesamtausdrücken nach Funktion und Zweck eingeteilt.

1. und 2. Ordnung

Ein Ethogramm 1. Ordnung umfasst die verschiedenen Stellungen, Haltungen oder Bewegungen der signalgebenden Komponenten, also die Grundlagen für Mimik und Gestik. Außerdem gehören die verschiedenen Lautäußerungen dazu, die unter „Akustisches Ausdrucksverhalten" näher besprochen werden (siehe S. 112). Im Ethogramm 2. Ordnung werden die einzelnen Komponenten zu Signaleinheiten zusammengefasst. Diese Signaleinheiten (oder Verhaltensweisen) werden in Gruppen eingeteilt, z.B. Spielverhalten, Drohverhalten oder Demutsverhalten.

„Das" Ethogramm gibt es nicht: Ethogramme können in ihrer Einteilung und Ausführlichkeit sehr unterschiedlich sein. Je nachdem, was der Forscher untersuchen möchte, wird er eine Einteilung wählen, die seinen Anforderungen entspricht. Für dieses Buch wurde z. B. eine Einteilung vorgenommen, die sinnvoll erscheint, um das Thema „Ausdrucksverhalten" zu besprechen. Ganz vollständig kann ein Ethogramm vermutlich nie sein. Besonders im Zusammenleben mit „seinem" Menschen kann der individuelle Hund Verhaltensweisen entwickeln, die dann für dieses Hund-Halter-Team ganz speziell sind.

Bei der Erstellung eines Ethogrammes ist es wichtig, die vorgenommene Einteilung zu begründen (Untersuchungsansatz), die eingeteilten Gruppen zu definieren und die Beschreibungen objektiv und reproduzierbar (wiederholbar) und nachvollziehbar zu halten.

Einteilung von Hundeverhalten

Bestimmte Verhaltenselemente kann man immer wieder in ähnlichen Situationen beobachten. Durch statistische Auswertungen können Gruppen gebildet und diese nach dem jeweiligen situativen Kontext benannt werden (dadurch können die Ethogramme 2. Ordnung entstehen). Bestimmte einzelne Verhaltenselemente können dabei durchaus in verschiedenen Gruppen beobachtet werden. Zum Beispiel kann das Verhalten „Ohren zurücklegen" sowohl beim Demuts- als auch beim Droh- oder Spielverhalten vorkommen. Außerdem kann ein Hund in einer Situation „ambivalentes Verhalten" zeigen, z. B. zwischen Annäherung und Rückzug hin- und hergerissen sein – Reinformen sind sogar eher selten.

Ethogramme können je nach Autor bezüglich der Anzahl der Kategorien und der Detailtreue der Verhaltensbeschreibung variieren. Wir haben eine Einteilung gewählt, die dem vorgegebenen Rahmen (Thema „Hundesprache") und Medium (Buch) angepasst ist. Der Schwerpunkt liegt auf Verhaltensweisen, die interaktiv zwischen Sozialpartnern gezeigt werden. Die Tabelle gibt eine Übersicht über die einzelnen Gruppen dieses Ethogramms. Welche einzelnen Verhaltenselemente in welche Gruppe gehören, beschreiben wir ab Seite 83.

Das Ethogramm	
A) Verhalten der sozialen Annäherung	
B) Imponierverhalten	
C) Passive Demut	
D) Agonistisches Verhalten	Drohverhalten Gehemmtes offensives Verhalten Ungehemmtes offensives Verhalten Flucht und Verhalten zur Deeskalation
E) Verhaltensweisen bei Stress und Erregung	
F) Spielverhalten	
(Ethogramm nach Schöning, 2006)	

Gruppeneinteilung

Das von uns benutzte Ethogramm hat sich in weiten Bereichen seit den ersten ausführlichen Beschreibungen durch Schenkel in den 60er-Jahren des letzten Jahrhunderts nur wenig verändert. Von Schöning wurde 2006 die grundsätzliche Einteilung in bestimmte Gruppen in einer statistischen Auswertung der Verhaltensmuster von fast 300 Hunden noch einmal bestätigt. Die einzelnen Verhaltenselemente aus dem Sozialverhalten lassen sich demnach in die folgenden Gruppen einteilen:

- Verhalten der sozialen Annäherung
- Imponierverhalten
- Passive Demut
- agonistisches Verhalten
  Drohverhalten
  gehemmtes offensives Verhalten
  ungehemmtes offensives Verhalten
  Fluchtverhalten
  Verhalten zur Deeskalation
- Verhalten bei Stress und Erregung
- Spielverhalten

Dazu kamen dann noch spezifische Ausdrucksmuster für jeweils „neutrale Aufmerksamkeit" und „Unsicherheit".

Soziale Annäherung: aktive Demut als Begrüßungsverhalten eines Junghundes gegen eine ältere Hündin.

Abgrenzung der Gruppen

Die statistische Auswertung zeigte sehr klare Abgrenzungen zwischen z.B. den Gruppen „Soziale Annäherung", „Imponieren" und „Passive Demut". Auch Drohverhalten sowie das gehemmte und ungehemmte offensive Verhalten waren untereinander und gegen die erstgenannten drei Gruppen gut abgesetzt. Mehr oder weniger intensive Überschneidungen gab es in den anderen Bereichen. Flucht- und Deeskalationsverhalten bildeten zwar in der statistischen Auswertung erkennbar eine eigene Gruppe, zeigten aber schwammigere Abgrenzungen zu den anderen Gruppen als die zuvor genannten Gruppen untereinander. Das gleiche gilt für Spielverhalten, welches sich einerseits als Gruppe „Spielverhalten" darstellte, andererseits schwammige Grenzen zu „Stressverhalten" und „Deeskalationsverhalten" zeigte. In der Gruppe „Stressverhalten" sammelten sich Verhaltenselemente, die sehr deutlich Stresszustände anzeigen (z.B. Hecheln) – dies bedeutet aber nicht, dass ein Hund, der ein Übersprungsverhalten zeigt und dabei nicht hechelt, keinen Stress empfindet.

Stress und Frustration

Ein Stresszustand ist eine negative Empfindung – genauso wie Angst. Gleichzeitig läuft dabei die körperliche Stressreaktion ab. Diese ist eine Mobilmachung des Körpers: Nicht benötigte Organsysteme bzw. körperliche Reaktionen wie z.B. die Verdauung, werden heruntergefahren; die Muskulatur wird besser durchblutet und Energiereserven werden in den Blutkreislauf ausgeschüttet; Atmung und Puls werden schneller und das Schmerzempfinden

Angst, Unsicherheit und Frustration

Angst

Angst ist eine negative Emotion. Es ist eine lebenswichtige Empfindung: nur wer Angst empfinden kann, wird im richtigen Moment handeln, um seinen Zustand zu optimieren. In einem Zustand der Angst wird die körperliche Stressreaktion ausgelöst, um das Individuum handlungsbereit zu machen.

Unsicherheit

Der Hund nimmt einen Mangel an Sicherheit bewusst wahr. Hier verschmelzen in der Ethologie die Begriffe der Emotionen Angst und Unsicherheit. Einige Autoren differenzieren hier im Bezug auf die vermutete Intensität der Emotion. Wenn ein Hund nur leichtes Angstdisplay zeigt, wird es als „Unsicherheit" bezeichnet, wenn das Angstdisplay stark ist, als „Angst" oder als „Panik". Das Verhalten kann ein Spiegel der inneren Zustände sein , muss es aber nicht. Ein leichtes Angstdisplay bedeutet nicht zwingend, dass die Emotion dahinter auch nur klein ist.

Frustration

Wenn ein Hund etwas haben möchte und nicht bekommen kann – wenn er nicht dorthin gelangen kann, wo er hin möchte – kommt er mental in einen Zustand der Frustration. Frustration setzt dann ein, wenn die erlebte Realität nicht mit dem erwarteten Weltbild zusammen passt. Die Erwartung beider Ridgeback Hündinnen ist: „Möchte den Ball haben". Die Realität ist: „Der andere gibt ihn nicht her". Ist ein Zustand der Frustration vorhanden, sind automatisch auch die Gehirnbereiche für Angst aktiv; ebenso läuft die körperliche Stressreaktion an. Einige Forscher sagen sogar, dass die mentalen Zustände Angst, Stress, Frustration auf neurophysiologischer Ebene mehr oder weniger identisch sind.

Eine stressbelastete Interaktion mit Unsicherheit auf beiden Seiten. Der Australian Shepherd zeigt sie im Gesicht; bei der Ridgebackhündin im Vordergrund sind das aufgerichtete Rückenfell und die leicht angelegten Ohren gut zu erkennen.

wird verringert. Diese Reaktionen dienen dazu, den Körper leistungsfähig zu machen, um eine akute Bedrohung abzuwehren. Eine bessere Durchblutung der Muskulatur und ein kurzfristiger Energieschub sind sowohl zum Flüchten als auch zum Kämpfen nützlich. Ein verringertes Schmerzempfinden sorgt dafür, dass man weiter läuft (oder kämpft), selbst wenn man verletzt ist.

Stressfaktor Mensch

Die Stressreaktion und die Fähigkeit, Frustration, Angst oder Unsicherheit zu empfinden, haben sich in der Evolution durchgesetzt, weil dadurch bessere Überlebenschancen für das einzelne Individuum bestanden. Heute müssen sich die wenigsten Hunde regelmäßig mit einer grundsätzlich feindlichen oder gefährlichen Umwelt arrangieren. Stattdessen lauern die Probleme bzw. Angst-/Stressauslöser in anderen (alltäglichen) Bereichen. Zum Beispiel im Bereich der mangelhaft kommunizierenden Sozialpartner auf zwei Beinen: Hört der Hund im Training das akustische Signal „Komm zu mir" und nimmt gleichzeitig das optische Signal „Bleib weg" (der Mensch beugt den Oberkörper vor und fixiert den Hund frontal) wahr, kommt er in einen inneren Konflikt, und darüber wird sofort die Stressreaktion ausgelöst.

Umgang mit Stressoren

Je nachdem, wie kompetent der Hund im Umgang mit Stressoren ist, kann der Stresszustand sogar so stark werden, dass er nicht mehr lernfähig ist und unerwünschte Reaktionen zeigt. Spielverhalten wird von Hunden z. B. zum Abbau von Stresszuständen eingesetzt (siehe S. 108). Beim Besitzer kommt die Botschaft aber meist falsch an, wenn der Hund im Training auf einmal „herumalbert". Viele Besitzer denken dann, dass der Hund sie ärgern will; statt an das Naheliegende zu denken – dass der Hund einfach eine Pause braucht – fangen die Besitzer dann an zu schimpfen und verstärken darüber die Konflikt- bzw. Stresssituation des Hundes weiter.

Angst

Angst oder Frustration sind die häufigsten Auslöser für aggressives Verhalten. Kommt ein Hund schnell in eine hohe Erregungslage und in einen stärkeren Stresszustand, besteht auch ein höheres Risiko, dass er aus diesen mentalen Zuständen heraus aggressiv reagiert. Mangelnde Stress- und Frustrationstoleranz können in einzelnen Zuchtlinien (der unterschiedlichsten Rassen von West Highland White Terriern über Cocker Spaniel bis Golden Retriever oder Berner Sennenhund) eine genetische Komponente haben. Eine größere Rolle als die Gene spielen aber – auf die gesamte Hundepopulation bezogen – Deprivationen in der Sozialisationsphase (siehe S. 32) und Lernerfahrungen in die falsche Richtung.

Die Hündin bewegt sich unsicher auf dem Steg. Drängen und Manipulieren würden den Stresszustand nur verstärken und könnten dazu führen, dass die Hündin das Objekt künftig mit „Gefahr" verknüpft.

Erregungszustände

Natürlich sind Stress- und Erregungszustände im Alltag nicht komplett vermeidbar: Unsere Hunde leben nicht im Paradies. Jede noch so kleine Differenz zwischen erwarteter und aktueller Situation löst zumindest eine leichte Stressreaktion und einen leichten mentalen Stresszustand aus – und das ist auch gut so. Stressoren stellen Herausforderungen dar, und wenn diese fehlen würden (wenn der Hund tatsächlich im Paradies leben würde), wäre kein Anreiz für Verhaltensreaktionen und Lernvorgänge vorhanden. Besitzer sollten sich also

Die Besitzerin hat die Hündin vorsichtig weiter gelockt und ihr eigenes Tempo gehen lassen. Am Ende zeigt sie aktive Demut (zum Stressabbau) und kann sich danach am Boden schnell entspannen.

selbst keinen Stress machen, wenn der Hund hin und wieder Aufregung und auch manchmal leichte Unsicherheit mit Folgeverhalten zeigt. Wichtig ist aber, darauf zu achten, wann für den individuellen Hund Stressoren so stark sind, dass er unter deren Einwirkung nicht mehr differenziert handlungsfähig und lernfähig ist. Spätestens wenn Hunde intensive Signale für Unsicherheit und/oder Beschwichtigung zeigen oder wenn sie in einem solch hohen Erregungslevel sind, dass sie auf Ansprache nicht mehr reagieren, sollte der Besitzer solche Situationen aktuell vermeiden bzw. den Hund dagegen desensibilisieren. Das gilt gleichermaßen für „positive" wie für „negative" Situationen. Es geht hier nicht nur um Angst bei erkennbar aversiven/gefährlichen Situationen, sondern auch um sogenannten „positiven Stress". Die körperliche Stressreaktion läuft nämlich auch an, wenn wir uns freuen. Wenn man die Wahl hat, packt man natürlich lieber ein Geburtstagsgeschenk aus, als dass man ausgeschimpft wird. Aber wenn ein Hund z.B. einen sehr hohen Erregungslevel im Zusammenhang mit sozio-positiven Verhaltensmustern bei der Begrüßung des Besitzers zeigt (laienhaft sprechen Besitzer von „großer Freude"), ist dies ein Zeichen für eine starke Stressreaktion; auch diese kann, wenn sie oft eintritt, negative Konsequenzen haben. Starke Erregung bei der Begrüßung des heimkommenden Besitzers kann ein Zeichen dafür sein, dass der Hund während des Alleinseins Angst empfunden hat und dadurch schon in einen höheren Stresszustand geraten ist. Die aus der Sicht des Besitzers vermeintlich „positive" Situation (Freude über das Wiedersehen) ist in Wahrheit Ausdruck eines vorangegangenen negativen Zustands des Hundes.

Zu starke Erregung im Training, z.B. weil der junge Hund unkontrolliert „mitmischt", verhindert das saubere Arbeiten und kann zu Aktivitäten wie Anspringen (zum Stressabbau) führen.

Konfliktbewältigung

Beschwichtigung und Deeskalation sind mehr oder weniger Synonyme und bedeuten, dass ein Partner (oder beide Partner) in einer Konfliktsituation versucht, über eigene Aktionen den Konflikt zu beenden oder klein zu halten, so dass Angst/Unsicherheit verschwinden und Stressreaktion und Erregungslevel nachlassen. Für diesen Zweck steht Hunden fast ihr gesamtes Verhaltensrepertoire zur Verfügung.

Ein- und beidseitige Konflikte

Ein Konflikt kann einseitig oder beidseitig (mit Kommunikation zwischen mindestens zwei Partnern) vorhanden sein. Bei Beidseitigkeit ist beiden Konfliktpartnern bewusst, dass ein Konflikt vorliegt, und beide sind in einem mehr oder weniger starken mentalen Konflikt- bzw. Unsicherheits- und Stresszustand. Bei Einseitigkeit löst die Situation nur bei einem Hund einen mentalen Konfliktzustand aus (meistens kommt es zu Frustration) und jemand Unbeteiligtes kann unter Umständen „Opfer" dieses Konfliktzustandes werden. Die schon früher erwähnte umgerichtete Aggression ist ein Beispiel für einen einseitigen Konflikt. Hund X läuft an der Leine und sieht einen anderen Hund Y in der Ferne. Er zeigt aus Unsicherheit heraus Aggressionsverhalten in dessen Richtung, aber Y reagiert nicht und geht einfach weiter. Hund X zeigt daraufhin frustrationsbedingt umgerichtete Aggression gegen den Besitzer. Konkret wurde damit aus einem einseitigen Konflikt (Y hatte sich nicht für X interessiert) ein beidseitiger Konflikt (mit dem Besitzer als neuem Partner); dabei wurde der neue Partner allerdings „kalt erwischt". Das umgerichtete Aggressionsverhalten hat in diesem Moment – auch wenn dadurch ein neuer Konflikt gestartet wird – eine „innere Beschwichtigungskomponente": X möchte damit für sich den Konflikt mit Y beenden/lösen. Er kann über eine Aktion (umgerichtetes Aggressionsverhalten gegen den Besitzer) seine eigene Erregung herunterfahren und die Stressreaktion durch diese Aktion zum Abklingen bringen. Dass er damit einen neuen Konflikt (mit neuerlicher Stressreaktion) auslöst, ist ein anderes Kapitel.

Konflikte aus Hundesicht

Das eben genannte Beispiel mag auf den ersten Blick unverständlich scheinen: „Was hat Beißen des Menschen mit Beschwichtigung zu tun?" Es verdeutlicht aber noch einmal dramatisch, dass Hunde die Welt nur aus Hundesicht betrachten und in ihr handeln können. Konfliktbewältigung muss immer auf zwei Ebenen betrachtet werden. Zum einen die äußere Ebene (Kommunikation gegen den Konfliktpartner) und zum anderen die innere Ebene (den eigenen Stresszustand herunterfahren). Meistens laufen diese Ebenen parallel: Ein Beschwichtigungsverhalten nach außen – aktiv gegen den Konfliktpartner gerichtet – sorgt gleichzeitig für „Beruhigung im Inneren". Im vorgenannten Beispiel war keine Parallelität vorhanden. Trotzdem ist solch ein Hund nicht als verhaltensgestört oder bösartig einzuordnen. Als Mensch muss man hier exakt trennen zwischen dem, was als biologisch normal einzuordnen ist, und dem, was man in der menschlichen Gesellschaft nicht haben will. Stellt sich Aggressionsverhalten aus der Sicht des Menschen als Problemverhalten dar, muss mit dem Hund auf eine Problemlösung hin trainiert werden.

Intensives Schnuppern am Boden als Übersprungsverhalten bei Annäherung und Bedrängung durch die Bordeaux-Dogge: eine perfekte Strategie, um Desinteresse an jeder Form von Kontakt und Konflikt anzuzeigen.

Entspanntes Zusammenleben

Werden bestimmte Verhaltensmuster zur Beschwichtigung eines bestehenden Konflikts eingesetzt, wird in der englischsprachigen Literatur auch von Appeasement Behaviour gesprochen (to appease = beschwichtigen). Hunde besitzen viele Möglichkeiten, um einseitige oder beidseitige Konflikte zu beenden. In der Literatur wird der Begriff „Beschwichtigung" häufig da verwendet, wo ein Hund zur Konfliktlösung aktiv mit einem Gegenüber kommuniziert (z.B. mit Aktiver Demut oder Spielverhalten). „Deeskalation" findet häufig dann Verwendung, wenn der Hund aus dem Konflikt ausbricht bzw. sich passiv verhält (Passive Demut, Meideverhalten) – wird aber je nach Autor manchmal auch für den aktiven Bereich benutzt. Letztendlich geht es dem Hund bei jeder Konfliktbewältigung nicht nur darum, einen möglichen Konfliktpartner „milde zu stimmen" (und damit den Stressor zu beseitigen), sondern auch darum, über eigenes Verhalten den eigenen Stress- und Erregungszustand herunterzufahren. Aus diesem Grund können Hunde zur Beschwichtigung bzw. Deeskalation fast ihr gesamtes Verhaltensrepertoire einsetzen. Im von uns benutzten

Ethogramm werden in der Gruppe „Fluchtverhalten und Deeskalation" Verhaltenselemente wie Meiden oder Übersprungsverhalten eingeordnet. Dies sind Verhaltenselemente, mit denen Hunde aus der Kommunikation mit dem Konfliktpartner herausgehen. Wenn im Folgenden von Deeskalation gesprochen wird, ist immer diese Form der Konfliktbewältigung gemeint. Von Beschwichtigung sprechen wir, wenn Hunde aktive Verhaltensmuster gegen den Konfliktpartner zeigen, z. B. durch Aktive Demut oder Spielverhalten. Die Passive Demut gehört in diesem Sinne auch zur Deeskalation, denn die Hunde versuchen trotz der „eingefrorenen Position", sich „herauszuhalten": Sie wenden zumindest den Blick ab. Beschwichtigung hat das generelle Ziel, weiter Kontakt zu halten.

Übersprungsverhalten

Viele Menschen denken beim Thema „Beschwichtigung" und „Konfliktbewältigung" nur an Demutsverhalten; möglich sind aber auch Verhaltensmuster wie „ruhiges Weggehen", Meideverhalten oder Spielverhalten (siehe S. 108). Auch das sogenannte Übersprungsverhalten ist eine Möglichkeit, einen Konflikt zu beenden. Von Übersprungsverhalten spricht man in der Ethologie, wenn ein Hund in einer Konfliktsituation ein Verhalten zeigt, welches „eigentlich" nicht zur momentanen Situation passt. Wenn sich ein Hund aus einer Konfliktsituation mit einem anderen Hund heraus umdreht und plötzlich intensiv zu buddeln anfängt, würde man dies als Übersprungsverhalten bezeichnen. Es gibt eine Reihe von Verhaltensmustern, die recht häufig als Übersprungsverhalten gezeigt werden (S. 106) – dazu gehören z. B. viele Elemente aus dem Körperpflegeverhalten (sich kratzen, sich die Schnauze lecken). In der Evolution haben sich solche Verhaltensmuster vermutlich zunächst als reine „Problemlösungsmöglichkeit" für den entwickelt, der sie zeigt: über Aktivität „weg vom Gegner" kann man Stress abbauen.

Innere und äußere Konfliktlösung

Übersprungsverhalten bedient beide Bereiche der Konfliktlösung: Der Hund kann seinen inneren Zustand über diese Aktion verbessern (Stressabbau) und er kann einem Gegenüber signalisieren, dass er den Konflikt beenden möchte; dass ihn z. B. die Ressource „Knochen"

Die häufigsten Verhaltensmuster zur Deeskalation und Beschwichtigung

Deeskalation eines Konfliktes über: *	Beschwichtigung eines Konfliktes über:
Fliehen, Weggehen	Aktive Demut
Meiden	Spielverhalten
Übersprungsverhalten	
Passive Demut	

* Der Begriff Deeskalation in dieser Tabelle ist nicht zu verwechseln mit der Ethogramm-Gruppe „Verhalten zur Flucht und Deeskalation". Dort taucht z. B. die Passive Demut nicht auf, da sie eine eigene Ethogramm-Gruppe bildet. Nichtsdestotrotz wird Passive Demut zur Deeskalation eingesetzt

gar nicht mehr interessiert. Auch wenn der Hund gerade beim Übersprungsverhalten aus der direkten Kommunikation mit dem Konfliktpartner ausbricht, stellt es ein kommunikatives Element an das Gegenüber dar. Über epigenetische Prozesse (siehe S. 29) hat sich die „Kommunikation des Deeskalationswunsches“ durch derartige Verhaltensmuster etabliert.

Calming Signals

In den späten 90er-Jahren des letzten Jahrhunderts wurde auch in Deutschland der Begriff der „Calming Signals“ („Beruhigungssignale“) etabliert. Eingeführt wurde er von der Norwegerin Turid Rugaas. Sie schrieb Verhaltenselementen wie Blinzeln, Gähnen oder Lecken der Lippen/Lefzen grundsätzlich eine deeskalierende Funktion zu. Diese Verhaltenselemente sind Ausdrucksweisen von Stress bzw. Unsicherheit und werden von Hunden unter anderem auch bei Demutsverhalten gezeigt. Nach Rugaas können diese Verhaltenselemente von Menschen zur Entspannung von Konfliktsituationen eingesetzt werden. Auch hier kann ein epigenetischer Prozess angenommen werden, durch den Verhaltensmuster, die tendenziell eher die eigene Verletzlichkeit bzw. den eigenen Stresszustand anzeigen, Aggressionspotential beim Konfliktpartner beschwichtigen: innere und äußere Konfliktlösung gehen Hand in Hand und beide Partner können sich entspannen.

Das Konzept der Calming Signals ist wissenschaftlich umstritten. Nach den ersten Veröffentlichungen von Rugaas setzte damals ein regelrechter „Hype“ unter Hundetrainern und Hundehaltern ein. Das Konzept entwickelte sich schnell zu einer unkritisch übernommenen „Methode“. Menschen zeigten „wahllos“ Calming Signals, erwarteten deshalb freundliches Verhalten beim Hund und verstanden nicht, wenn er weiter drohte – weil sie ihn durch andere körpersprachliche Signale u.U. unbewusst weiter bedroht hatten. Der Vorteil bei diesem Konzept lag und liegt sicherlich darin, dass intensiver auf Hunde, ihre Körpersprache und ihre emotionalen Zustände geachtet wurde und damit anderen Konzepten, z.B. „Training mit positiver Verstärkung“ zusätzlich der Weg geebnet wurde. Der Nachteil liegt darin, dass Hunde und ihr Verhalten dadurch in ein enges Korsett gezwängt werden und der Blick für das äußerst variable und fein differenzierte Kommunikationsverhalten verloren geht.

Info | Statistik

Zwischen den einzelnen Gruppen im Ethogramm gibt es teilweise schwammige Grenzen, die sich aus der Vielschichtigkeit der Anwendungsmöglichkeiten bzw. dem variablen Informationsgehalt einzelner Verhaltenselemente ergeben. Letztendlich bestätigte die statistische Auswertung der einzelnen Verhaltensmuster des Ethogramms nur das, was wir schon lange wissen: Hunde haben ein äußerst variationsreiches Ausdrucksverhalten und eine inhaltlich sehr differenzierte Sprache. Sie können fein abgestuft über eine Unzahl an Verhaltensmustern und -elementen Informationen senden und durch Beobachtungen eines Gegenübers empfangen. Alle Unterteilungen und Gruppierungen, die Menschen vornehmen, sind immer nur eine grobe Annäherung an das System „Hundesprache“.

Zwei unbekannte Hunde treffen sich zum ersten Mal: Leichtes Stressdisplay und Unsicherheit auf beiden Seiten, während nasonasal Informationen ausgetauscht werden.

Der Informationsaustausch hat den Stresslevel und die Unsicherheit der Hunde nicht reduziert. Der Ridgeback zeigt dezentes optisches Drohen, worauf sich der Aussie langsam abwendet.

Die Ridgeback-Hündin hatte der weggehenden Aussie-Hündin hinterhergeknurrt, worauf sich diese umdrehte und selber mit Knurren gegen die andere Hündin vorsprang. Daraufhin sprang die Ridgeback-Hündin zur Seite.

Direkt nach dem Wegspringen zeigt der Ridgeback intensives Schüffeln am Boden (Übersprungsverhalten). Der Aussie geht zügiger als vorher weg und zeigt dabei Nasenschlecken als Zeichen seines Stresszustandes. Konflikt und Interaktion sind beendet.

Ausdrucksverhalten

Hunde kommunizieren über das Ausdrucksverhalten. Was muss der Mensch beachten, um den Hund richtig zu verstehen? Wie sind die unterschiedlichen körperlichen Merkmale der Hunderassen richtig zu beurteilen? Es ist wichtig für das Zusammenleben von Mensch und Hund, Verhaltensweisen zu erkennen und das Verhalten richtig einzuordnen.

Gegenseitige Verständigung

Kommunikation dient der gegenseitigen Verständigung. Je nachdem, ob Hunde mit Hunden, Menschen oder anderen „Nicht-Hunden" kommunizieren, spricht man von intra-spezifischer bzw. inter-spezifischer Kommunikation. Die Art der Kommunikation wird von den eigenen Möglichkeiten bestimmt (nur wer einen Schwanz hat, kann damit wedeln) und durch Reaktionen des Gegenübers.

Sowohl bei der intra-spezifischen als auch der inter-spezifischen Kommunikation werden verschiedene „Kommunikationssysteme" benutzt, um sich mit dem Gegenüber zu verständigen. Hunde setzen im engeren sozialen Miteinander bevorzugt das optische Ausdrucksverhalten ein. Wo es nötig erscheint, werden zusätzliche Akzente über das akustische Ausdrucksverhalten gesetzt. Zum Austausch von Informationen im Nahbereich, also der Kommunikation mit einem direkten Gegenüber, wird in der Regel über mehrere "Kanäle" gleichzeitig gesendet und empfangen. Reinformen kommen nur ausnahmsweise (akustische Kommunikation über große Entfernungen oder olfaktorische Kommunikation ohne Anwesenheit des Senders) vor.

Kommunikationssysteme	
optisches Ausdrucksverhalten	über sichtbare Signale
akustisches Ausdrucksverhalten	über Laute
taktiles Ausdrucksverhalten	über Körperkontakt
olfaktorisches Ausdrucksverhalten	über Gerüche

Bei langhaarigen Hunden können einige Ausdrucksregionen „verdeckt“ sein.

Optisches Ausdrucksverhalten

Der Sinn eines Ethogramms und wie es zu der Einteilung von Hundeverhalten in verschiedene Gruppen kommt, wurde bereits beschrieben (siehe S. 44). Nachfolgend möchten wir nun das Ausdrucksverhalten der verschiedenen Verhaltensgruppen darstellen. Als „Grundeinheiten“ werden zunächst die verschiedenen signalgebenden Komponenten näher besprochen.

Ausdrucksregionen beim Hund	
Mimik	**Gestik**
Lefzen	Kopfhaltung
Maulspalte	Rutenhaltung
Schnauze	Gliedmaßenstellung
Nasenrücken	Fell (Haaresträuben)
Augen	Körperhaltung
Stirn	Körperbewegung
Ohren	Körperspannung

Signalgebende Komponenten

Das optische Ausdrucksverhalten dient überwiegend der Kommunikation im Nahbereich. Verschiedene Lautäußerungen (z. B. Knurren, Bellen, Winseln) können es ergänzen oder unterstützen. Als signalgebende Komponenten dienen verschiedene Körperteile (Ausdrucksregionen) sowie die Körperhaltung und -spannung.

Als Mimik bezeichnet man sichtbare Bewegungen der Gesichtsoberfläche. Die Gestik (Körpersprache) wird durch die Haltung oder Bewegung von Kopf, Rute und Gliedmaßen sowie die allgemeine Körperspannung bestimmt.

Vergleich Wolf–Hund

Im Vergleich zum Wolf verfügen viele Hunde über ein weniger differenziertes optisches Ausdrucksverhalten. Das liegt vor allem an bestimmten anatomischen Gegebenheiten (z. B. Ohr- oder Schwanzform) sowie Fellfärbung und -länge. Diese sind beim Wolf für eine sehr differenziertere Kommunikation „optimiert“, während sie bei einigen Hunderassen durch züchterischen Einfluss so verändert sind, dass sei die Kommunikation erschweren.

Ausdrucksregionen beim Wolf	
Lefzen	dunkel, gut beweglich, gut erkennbar
Schnauze	Aufhellungen als Kontrast zu den Lefzen
Nasenrücken	glatt, Kräuseln gut möglich und gut erkennbar
Augen	dunkel eingerahmt, oft Aufhellungen um die Augenbrauen
Stirn	glatt, In-Falten-Legen" gut erkennbar
Ohren	Stehohren, Ohrenbewegungen in drei Ebenen möglich
Kopf	Form und Haltung gut erkennbar, gegen den Hals abgesetzt
Rute	gut beweglich, gut erkennbar, zehn verschiedene Stellungen möglich
Gliedmaßen	gut erkennbar
Fell	relativ kurz, Haaresträuben gut erkennbar, Aufhellungen und dunkle Bereiche setzen Akzente
Körperhaltung	gut erkennbar
Körperbewegung	gut erkennbar
Körperspannung	gut erkennbar

Unterschiedliche Fellfärbungen lassen Feinheiten in der Mimik (z.B. Länge der Maulspalte) gut erkennen.

Der Malinois beobachtet die Umwelt aufmerksam: Ohren sind aufgestellt, eher nach vorne gerichtet, die Rute unterhalb der Rückenlinie.

Der Beagle ist aufmerksam und entspannt: Die Rute wird über der Rückenlinie getragen, die Hängeohren liegen recht locker am Kopf an.

Anpassung an die menschliche Kommunikation

In der Vergangenheit wurde der Hund immer wieder mit dem Wolf verglichen, in vielen Punkten schnitt er dabei viel schlechter ab. Man sagte, sein Ausdrucksverhalten sei weniger differenziert, sein Gehirn sei kleiner, bestimmte Hirnareale (besonders für bestimmte Sinnesleistungen) seien weniger ausgebildet. Heute werden diese direkten Vergleiche nicht mehr gezogen, sondern Hunde werden als eigenständige Sub-Spezies behandelt. Interessant sind Vergleiche z. B. bei der Hirngröße oder den kognitiven Fähigkeiten, weil sie Aufschluss über den Domestikationsprozess geben.

Durch das intensive Zusammenleben mit dem Menschen und dessen züchterischer Einfluss hat sich der Hund verändert. Bestimmte Fähigkeiten sind für ein domestiziertes Tier nicht mehr so wichtig wie für die Wildform, andere Fähigkeiten, z. B. die Kommunikation mit dem Menschen, haben sich entwickelt. Hunde stammen vom Wolf ab – das ist wissenschaftlich anerkannt. Weniger berücksichtigt wird, dass Hunde wie Wölfe auf hirnorganischer Ebene (Neuroanatomie, Neurophysiologie und Neurochemie) auch dem Menschen recht ähnlich sind und damit auch im Sozialverhalten. Während des Domestikationsprozesses hat sich der Hund dem Menschen auch in der Hund-Mensch-Kommunikation angepasst. Bestimmte Verhaltensweisen wie z. B. „Lächeln“ zeigt der Hund nur gegenüber menschlichen Kommunikationspartnern.

Hunderassen im Vergleich

Da durch züchterischen Einfluss die äußeren Erscheinungen der verschiedenen Hunderassen sehr unterschiedlich sind, kommt auch den Ausdrucksregionen eine unterschiedliche Bedeutung zu. Ein Schäferhund mit Stehohren hat andere Möglichkeiten, durch die Ohrstellung Signale zu geben, als z.B. ein Beagle mit Hängeohren. Und ein Hund mit relativ hoch angesetzter Ringelrute ist nicht 1:1 mit einem Labrador zu vergleichen, der seine Rute im entspannten Zustand nur leicht über der Rückenlinie hält. Wenn man den emotionalen Zustand eines Hundes beurteilen möchte, muss man berücksichtigen, wie der Hund im „neutralen“ bzw. entspannten Zustand aussieht.

Dieser Hund trägt seine Ringelrute im entspannt-aufmerksamen Zustand über dem Rücken, die Rosenohren sind leicht hochgezogen.

Das „Display“

Unter „Display“ versteht man eine Bündelung von Signalkomponenten, die eine Verhaltenseinheit bzw. eine Bedeutungseinheit darstellen. In diesem Sinne bilden Displays die Grundeinheiten des Verhaltensrepertoires einer Art. Nach Feddersen-Petersen unterscheidet man im mimischen Bereich bei Wölfen knapp 60 und bei Haushunden zwischen 14 (Pudel) und 23 (Alaskan Malamute) Displays. Beispiele für funktionelle Displays wären Erregungs-, Angst- oder Spieldisplay.

Der Gesamtausdruck, also das, was „unterm Strich“ beim Empfänger ankommt, setzt sich aus den optischen Signalen (unterschiedlichen Stellungen der verschiedenen Ausdrucksregionen) und eventuell akustischen Signalen zusammen. Dabei kann es durchaus sein, dass ein Tier innerhalb kürzester Zeit sogar gleichzeitig Signale mit unterschiedlichen Schwerpunkten setzt. Man nennt dies „ambivalentes Verhalten“. Ein Hund kann beispielweise zwischen Annäherung und Meideverhalten hin- und hergerissen sein.

Ein recht entspannt-aufmerksamer Labrador: die Rute in der Verlängerung der Rückenlinie, die Ohren leicht nach vorne gerichtet.

Angstdisplay und Drohverhalten bei einem Australian Shepherd.

Display von Angst

Bei Angst/Unsicherheit zeigen Hunde z. B. ein typisches Angstdisplay und signalisieren darüber ihren emotionalen Zustand (siehe S. 95). Beim Angstdisplay sind alle Ausdruckselemente mehr oder weniger nach hinten gestellt. Die Tabelle gibt eine Übersicht zur Ohrenstellung, Lefzenstellung etc. Sie stellt das Vollbild eines Angstdisplays vor, das nicht bei jedem Hund in dieser Form ausgeprägt sein muss. Je nachdem wie stark die Angst ist, kann es Abstufungen von dezentem Angstdisplay bis zum Vollbild geben. Wenn kein Angstdisplay zu sehen ist, heißt dies aber nicht automatisch, dass der Hund keine Angst oder Unsicherheit empfindet. Hunde können verlernen, ihren emotionalen Zustand zu zeigen (siehe S. 95).

Beschreibungen wie „nach hinten", „nach vorne", „höher", „tiefer" usw. sind relativ und müssen für den einzelnen Hund immer im Vergleich zum entspannten bzw. neutralen Gesamtausdruck beurteilt werden.

Neutrale Aufmerksamkeit

Das genaue Gegenstück zur Angst/Unsicherheit ist die neutrale Aufmerksamkeit. Hier betrachtet der Hund seine Umwelt, um sich ein Bild von ihr zu machen. Er ist entspannt, mit leichtem Muskeltonus.

Ausdruckselemente Angstdisplay	
Maulspalte	Zurückziehen der Lippen (lange Maulspalte)
Schnauze	glatter Nasenrücken
Augen	schlitzförmig durch Glattziehen der Stirnhaut; oder aufgerissen mit weiten Pupillen; Blick abgewandt
Stirn	glattgezogen
Ohren	je nach Intensität leicht zurückgedreht bis flach hinten am Kopf anliegend, zum Teil bis sich die Ohrspitzen berühren
Kopf	abgewandt, gesenkt
Rute	gesenkt bis komplett eingezogen
Körperhaltung	von gesenkt, zusammengeschoben oder geduckt bis hin zu Hinsetzen; Abwenden oder Fluchtverhalten möglich

Ausdruckselemente neutrale Aufmerksamkeit	
Augen	Blick fokussiert Umgebung; kein Fixieren, Blick kann wandern
Ohren	entspannt in neutraler Stellung oder leicht nach vorne gerichtet
Kopf	erhoben, locker getragen bei entspanntem Hals
Rute	rassentypische Neutralstellung, kann niederfrequent ruhig wedeln
Gliedmaßen	rassentypische Neutralstellung, entspannt aber mit Muskeltonus
Körperhaltung	rassentypische Stellung
Körperspannung	entspannt, aber Muskeltonus vorhanden

Gesamtausdruck „neutrale Aufmerksamkeit" bei ganz unterschiedlichen Hundetypen.

Bei diesem Hund sind Lefzen und Maulspalte nur schwer zu erkennen.

Mimik des Hundes

Die Mimik des Hundes wird durch Entspannung und Anspannung der mimischen Muskulatur hervorgerufen. Der Ausdruck „Mimik" kommt ursprünglich aus dem Bereich der non-verbalen Kommunikation des Menschen und wird im Sinne von „Gesichtsausdruck" verwendet. Für den Hund gilt: Je beweglicher die einzelnen Komponenten sind und je besser man sie sehen kann, desto intensiver ist das „Mienenspiel" und desto differenzierter die Kommunikation zu einem Gegenüber. Felllänge und farbliche Kontraste spielen dabei eine wichtige Rolle. Aber auch anantomisch bedingte Gegebenheiten wie bestimmte Ohrformen können die Ausdrucksmöglichkeiten eines Hundes deutlich beeinflussen.

Nachfolgend werden die bei der Mimik beteiligten signalgebenden Komponenten ausführlich besprochen.

Info Grinsen

Beim sogenannten „submissive grin" (engl.: grin = Grinsen) ist die Maulspalte lang und entweder geschlossen oder offen, dazu kommen seitlich leicht abgespreizte Ohren, eine glattgezogene Stirn und schlitzförmige Augen. Bei geöffneter Maulspalte sieht man auch die seitlichen Zahnreihen. Das „submissive Grinsen" wird als ein Teil des submissiven Displays im Zusammenhang mit Demutsverhalten gezeigt.

Lefzen, Maulspalte

Die Lefzen eines Hundes können bei der Kommunikation eine große Rolle spielen. Die Färbung der Lefzen und deren Umgebung sowie die Felllänge und Ausprägung bestimmen die Signalwirkung: Sind die Lefzen gut oder schlecht zu erkennen, sind sie beweglich oder nicht? Zum Beispiel sind dunkle Lefzen gut zu erkennen, wenn das umgebene Fell hell ist, aber nur schlecht, wenn die ganze Schnauze dunkel gefärbt ist. Bei einem Bloodhound oder einigen Molosserrassen sind die Lefzen sehr ausgeprägt. Bewegungen der Lefzen und die Beurteilung der Maulspalte können dadurch erschwert werden.

Die Anspannung der Muskulatur in diesem Bereich beeinflusst die Länge der Maulspalte. Eine lange Maulspalte signalisiert tendenziell eher Unsicherheit, eine kurze Maulspalte dagegen eher Sicherheit.

Je mehr Zähne der Hund zeigt, desto größer ist seine Unsicherheit. Über einen unsicheren Hund, der seinem Gegenüber in einer Konfliktsituation mit geöffnetem Maul droht (siehe S. 66), könnte man sagen, dass er durch die lange Maulspalte und die entblößten Zähne seine Drohung untermalt, indem er seine „Waffen" zur Abschreckung vollständig zeigt. Wäre der Hund sicherer, wäre eine so überdeutliche „Aussage" nicht notwendig: die Maulspalte wäre eher rund und nur die vorderen Zähne zu sehen.

Im Zusammenhang mit der Maulspalte wird oft auch der Maulwinkel (quasi der „Mundwinkel") erwähnt. Ein spitzer Mundwinkel ist eher bei einem unsicheren Hund mit langer Maulspalte zu sehen, ein runder Maulwinkel eher bei einem sicheren Hund mit kurzer Maulspalte.

Schnauze, Nasenrücken

Die Schnauze eines Hundes kann geöffnet oder geschlossen sein. Ein entspannter Hund hat das Maul nicht oder nur leicht geöffnet. Vor Angst, auch beim Abwehrdrohen, kann das Maul weit aufgerissen werden. Dies gilt ebenfalls für das sogenannte „Spielgesicht“, bei dem der Hund verschiedene Signale völlig übertrieben und in eigentlich „unpassender“ Zusammenstellung zeigt (siehe S. 108). Auch beim Hecheln ist die Schnauze mehr oder weniger geöffnet. Ein Hund hechelt, wenn ihm zu warm ist oder aber als ein Zeichen von Stress.

Der Nasenrücken eines Hundes ist im entspannten Zustand mehr oder weniger glatt. Ausgenommen sind bestimmte Hunde, die anatomisch bedingt immer einen eher gerunzelten Nasenrücken haben. Nasenrückenrunzeln sieht man beim Drohverhalten, dabei können auch die Lefzen mehr oder weniger hochgezogen werden. Auch beim Spielen kann Nasenrückenrunzeln gezeigt werden.

Besonders bei kurzhaarigen Hunden kann man auch die Stellung der Barthaare beurteilen: Bei Erregung sind die Barthaare eher abgespreizt, bei Angst – korrespondierend zur Maulspalte – eher nach hinten angelegt.

1) Spielgesicht bei zwei ausgelassen tobenden Welpen.

2) Geschlossene Schnauze und glatter Nasenrücken bei einem entspannten Hund.

3) Ein hechelnder Islandhund mit glattem Nasenrücken,

4) und eine hechelnde Bordeaux-Dogge mit (anatomisch bedingt) gerunzeltem Nasenrücken.

„Submissive grin" einer jungen gegenüber einer älteren Hündin.

„Lächeln"

Beim „Lächeln" des Hundes wird besonders der vordere Teil des Nasenrückens gerunzelt und dadurch werden die vorderen Zähne unter Umständen bis einschließlich des Zahnfleisches sichtbar. Das Entblößen der Zähne wird häufig nur ganz kurz, jedoch mehrfach hintereinander gezeigt. Dieses Verhalten zeigen manche Hunde bei der Begrüßung eines vertrauten Menschen. Obwohl eine gelernte Komponente angenommen werden kann, scheint es auch eine genetische Disposition für das „Lächeln" zu geben: z. B. für Groß-, Zwergpudel, verschiedene Jagdhunderassen, Neufundländer und Windhunde (Feddersen-Petersen, 2008).

Die Begriffe „Grinsen" und „Lächeln" beschreiben beim Menschen durchaus ähnliches Verhalten. Beim Hund dagegen werden das submissive Grinsen und das Lächeln in unterschiedlichen Situationen gezeigt: das Grinsen als Reaktion auf eine empfundene Bedrohung, das Lächeln bei der freundlichen, unter Umständen überschwänglichen, Begrüßung eines vertrauten Menschen.

Neben dem sozialen Kontext ist auch das Ausdrucksverhalten unterschiedlich: beim submissiven Grinsen werden keine Zähne gezeigt, oder eher die seitlichen Zahnreihen bei langer Maulspalte entblößt werden, während beim Lächeln das Entblößen der vorderen Zähne bis hin zum Zahnfleisch im Vordergrund steht. Außerdem ist beim submissiven Grinsen der Blick eher abgewendet, während der Hund beim „Lächeln" den Blickkontakt zum Gegenüber hält oder sogar sucht. Reagiert der Besitzer erfreut, wird das Verhalten verstärkt und bei nächster Gelegenheit noch intensiver gezeigt. Allerdings gibt es auch Mischformen: Lächeln mit submissiven Anteilen.

Submissives Grinsen bei einem Schäferhund.

„Licking intention"

Das Lecken der eigenen Schnauze kann zusammen mit dem „submissive grin" im Rahmen des aktiven Demutsverhaltens gezeigt werden (siehe S. 84). Es wird als „licking intention" bezeichnet. Dieses Verhalten hat sich als ursprünglich infantile Verhaltensweise aus der Begrüßungssituation zwischen Mutter und Welpen entwickelt. Dabei belecken die Welpen den Schnauzenbereich der Mutter und erreichen damit, dass diese Futter hervorwürgt.

Das Wort „intention" (engl. = Absicht, Vorhaben) verdeutlich, dass das Lecken der eigenen Schnauze quasi stellvertretend für das Belecken der Schnauze des Gegenübers gezeigt wird. Stellvertretend, weil der Abstand zum Gegenüber zu groß ist. Das kann unterschiedliche Gründe haben: Unter Umständen möchte der „Leckende" den Abstand zum Gegenüber nicht verkleinern, oder der Abstand wird künstlich, zum Beispiel durch eine Leine, aufrechterhalten. Das Belecken der eigenen Schnauze kann aber auch unabhängig von Demutsverhalten als ein Zeichen von Stress oder Erregung gezeigt werden.

Augen

Ein Hund kann mit den Augen über die Form, die Größe der Pupillen und die Blickrichtung kommunizieren.

Die Form der Augen wird durch die Gesichtsmuskulatur und Haltung der Ohren bestimmt. Weit aufgerissene Augen sieht man im Zusammenhang mit großer Angst, aber auch als Zeichen von Übertreibung im Spiel. Schlitzförmige Augen entstehen durch Glattziehen der Stirn und Zurücklegen der Ohren und kommen bei Angst, Unsicherheit oder Demutsverhalten vor.

Pupillen

Die Größe der Pupille wird durch zwei Muskeln im Auge reguliert. Die Pupillengröße ist einerseits von der Lichtstärke abhängig: Wenn es sehr hell ist, sind die Pupillen eher klein. Andererseits wird die Pupillengröße auch durch die Aktivität des sogenannten autonomen Nervensystems (Sympathikus/Parasympatikus) reguliert. Bei plötzlichem Erschrecken kann es sympathisch bedingt zu einer blitzschnellen maximalen Weitstellung kommen. Bei Überforderung (z.B. im Training) oder Stress kommt es ebenfalls zur

Hunde zeigen „licking intention" in verschiedenen Situationen.

Schlitzförmige Augen bei glattgezogener Stirn und zurückgelegten Ohren (links).
Der Hund rechts zeigt viele Stresssignale, z.B. weitgestellte Pupillen.

Weitstellung der Pupillen. Beim Fixieren eines Objektes oder eines Gegenübers kommt es zu einer (unter Umständen nur sehr kurzen) Verengung der Pupillen. Wenn ein Hund sich stark bedroht fühlt, z. B. wenn er in eine Ecke gedrängt ist, kann ein plötzliches Zusammenziehen der Pupillen einem Angriff vorausgehen.

Blickrichtung

Auch über die Blickrichtung kann der Hund seine momentane Stimmung signalisieren. Blickabwenden gehört zu den Verhaltensweisen, die häufig in einer Konfliktsituation gezeigt werden. Als Bestandteil von Meideverhalten kann ein Hund signalisieren, dass er keinen Kontakt möchte. Es wird aber auch im Zusammenhang mit Demutsverhalten beobachtet. Ein „flatternder Blick“ (schneller Wechsel von Hin- und Weggucken, Blinzeln) signalisiert Unsicherheit: einerseits schaut er weg, andererseits „traut“ er sich nicht, das Gegenüber aus dem „Blick zu verlieren“.

Der rechte Hund wendet demonstrativ den Kopf und den Blick ab.

1) Sind die Ohren nach vorne gestellt, ist die Stirn leicht in Falten gelegt.

2) Sind die Ohren zurückgelegt, ist die Stirn ganz glatt.

3) Bei bestimmten Rassen ist auch bei zurückgelegten Ohren die Stirn in Falten gelegt.

4) Bei anderen Rassen ist die Stirn nur schwer zu beurteilen.

1

2

3

4

Stirn

Die Stirn des Hundes sieht in entspanntem Zustand mehr oder weniger glatt aus. Allerdings ist bei einigen Hunderassen die Haut am Kopf sehr locker und immer leicht in Falten gelegt. Bei langhaarigen Hunden ist die Stirn nur schwer zu beurteilen.

Das Glattziehen der Stirn sieht man häufig bei Angst, Unsicherheit oder auch Demutsverhalten. Ohren, Stirn und Lefzen – alles wird eher nach hinten gezogen. Bei erhöhter Aufmerksamkeit oder beim sicheren Drohen (siehe S. 99) sind die Ohren nach vorne gerichtet, dann ist die Stirn eher in Falten gelegt.

Ohrenstellungen

Bei der Beurteilung der Ohren muss zunächst bedacht werden, ob es sich um einen Hund mit hängenden oder stehenden Ohren handelt. Weitere Formen sind Kippohren (z.B. Collie), Rosenohren (z.B. Mops), kupierte Ohren sind in Deutschland zum Glück selten geworden, da seit 1986 ein Kupierverbot gilt.

Stehohren

Bei Stehohren kann man sich zur Beurteilung zwei „Extreme" vorstellen. Bei Aufmerksamkeit sind die Ohren aufgerichtet und nach vorne gestellt. Bei Unsicherheit werden die Ohren nach hinten gelegt, bei extremer Angst unter

1) Bei Unsicherheit oder Angst werden beide Ohren zurückgelegt.

2) Bei Aufmerksamkeit werden die Ohren nach vorne gerichtet.

3) Ohren können sich auch unabhängig voneinander bewegen – zur Orientierung oder bei leichter Unsicherheit.

Umständen so weit, dass sie ganz eng am Kopf anliegen und kaum noch zu sehen sind. Dazwischen sind viele Abstufungen möglich, die Ohren können beispielsweise auch mit der Öffnung zur Seite gedreht werden.

Hängeohren

Richtige Hängeohren hängen zwar immer, aber auch hier sind Abweichungen von der „neutralen Position“ möglich. Die Ohren können z.B. an der Ohrbasis (Ansatz am Kopf) nach oben gehoben oder nach hinten bewegt werden. Manche Hunde können die Ohren an der Basis so anheben, dass sie auf dem Kopf quasi ein „Dach“ bilden. Dieses Verhalten sieht man fast nur beim Imponieren (siehe S. 91). Bei Unsicherheit oder Angst können Hängeohren eng am Kopf anliegen, bei Aufmerksamkeit oder sicherem Drohen mit der Fläche eher nach vorne zeigen. Besonders im Zusammenhang mit Demutsverhalten können die Ohrspitzen oder -lappen abgespreizt werden. Je nach Größe oder Länge werden die Ohren mehr oder weniger waagerecht getragen („Flatterohren“). Werden beide Ohren unabhängig voneinander bewegt, kann dies ein Zeichen für Unsicherheit sein oder der räumlichen Orientierung (Empfang von Schallsignalen aus unterschiedlichen Richtungen) dienen.

1) Hängeohren bei Aufmerksamkeit

2) Hängeohren bei Unsicherheit

3) Kippohren bei Aufmerksamkeit nach vorne getragen.

4) Kippohren bei Unsicherheit nach hinten gelegt.

Die Körpersprache

Die Körpersprache des Hundes wird durch die Haltung oder Stellung von Kopf, Schwanz und Gliedmaßen bestimmt. Häufig korrespondieren die einzelnen Elemente, z.B. kann der gesamte Hund beim Demutsverhalten durch Tiefhalten von Kopf und Schwanz und Einknicken der Gliedmaßen quasi „tiefer gelegt“ werden. Durch verschiedene anatomische Gegebenheiten wie sehr langes Fell, krumme Beine (z.B. Basset, Englische Bulldogge) oder extreme Schwanzform (z.B. Ringelrute, Stummelschwanz) kann die Beurteilung des emotionalen Zustandes des Hundes manchmal erschwert werden.

Kopfhaltung

Die Haltung des Kopfes korrespondiert meist mit der allgemeinen Körperhaltung: Bei Aufmerksamkeit und zur Orientierung wird er hoch getragen, bei Unsicherheit oder Angst eher tief. Im Zusammenhang mit Demutsverhalten kann der Hals lang gestreckt werden und der Kopf nach vorne und tief gehalten werden. Diese Haltung kann man unter Umständen auch beim Lauern sehen.

Lauern kann aber auch im Zusammenhang mit Spiel- oder Jagdverhalten vorkommen. Zur korrekten Einschätzung des gezeigten Verhaltens müssen immer alle Körpersignale berücksichtigt werden.

Bei Aufmerksamkeit wird der Kopf hoch getragen (links).
Bei Unsicherheit oder im Zusammenhang mit Demutsverhalten wird der Kopf eher tief getragen (rechts).

Der linke Hund lauert. Danach folgt die Vorderkörpertiefstellung als Spielaufforderung.

Hunde mit unterschiedlichen Rutenformen.

Rutenstellungen

Die Rute ist eine wichtige körpersprachliche Komponente: Die Rutenhaltung ist als „Gegenpol“ zur Kopfhaltung – mitbestimmend an der Silhouette des Hundes und schon aus größerer Entfernung erkennbar.

Bei der Beurteilung der Stellung bzw. der Haltung der Rute muss zwischen verschiedenen Formen unterschieden werden. Auch die Behaarung und der Rutenansatz (hoch oder tief) nehmen Einfluss auf die Signalwirkung.

Mehr oder weniger gerade oder leicht gebogene Ruten können oberhalb oder unterhalb der Rückenlinie getragen werden. Bei der Beurteilung der Rutenhaltung muss man sich den individuellen Hund zunächst in „neutraler“ Stimmung vorstellen, um dann zu beurteilen, ob die Rute höher oder niedriger (als „neutral“) getragen wird. Bei Aufmerksamkeit, Imponierverhalten oder sicherem Drohen wird sie eher höher getragen, bei Unsicherheit, Demutsverhalten oder unsicherem Drohen eher tiefer. Bei intensiver Demut oder sehr starker Angst kann die Rute zwischen den Hinterbeinen eingeklemmt werden, unter Umständen so stark, dass die Rutenspitze nach vorne zum Kopf zeigt. Die Biegung oder Krümmung der Rute ist zwar grundsätzlich anatomisch bedingt, steht aber auch im Zusammenhang mit der Körperspannung: Im entspannten Zustand ist die Rute weniger gebogen als im angespannten Zustand. Gekringelte Ruten werden fast immer über der Rückenlinie getragen. Es gilt: je mehr Anspannung, desto stärker ist die Rute gekringelt. Allerdings kann sich bei großer Unsicherheit eine Ringelrute „entkringeln“ und unterhalb der Rückenlinie getragen werden.

Wedeln

Auch die Art des Wedelns hat Signalcharakter: Ein Hund kann angespannt oder entspannt wedeln, schnell oder langsam. Manchmal ist die Rute insgesamt angespannt und nur der obere Teil wedelt. Langsames Wedeln ist eher ein Zeichen für leichte Erregung im positiven Kontext oder Gelassenheit, während schnelles, hektisches Wedeln eher mit Anspannung und Erregung in Zusammenhang steht – wobei die Erregung sowohl positiver (Freude) als auch negativer (Unsicherheit) Natur sein kann. Das Kupieren der Rute ist in Deutschland seit 1998 verboten. Ausnahme: einige Jagdhunderassen, wenn die Tiere jagdlich geführt werden.

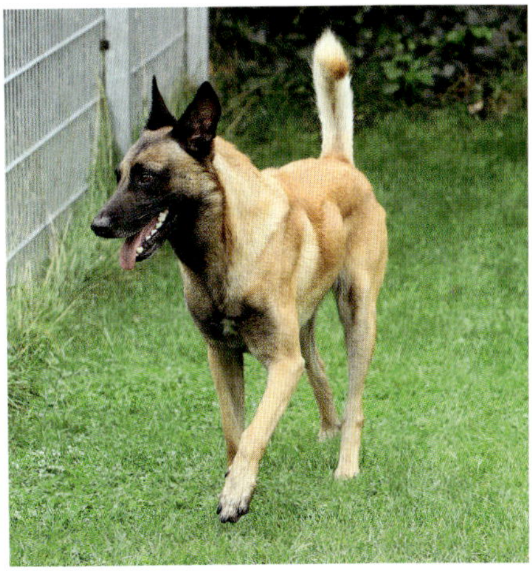

Der Malinois trägt seine Rute bei Aufmerksamkeit über der Rückenlinie (links), bei Unsicherheit eher tief (rechts).

Der Labrador trägt die Rute ähnlich hoch wie der Malinois oben rechts, ist aber nicht unsicher, sondern eher entspannt.

Ein Hund mit Ringelrute, die bei Unsicherheit oder Angst „entkringelt" und unterhalb der Rückenlinie getragen wird.

Gliedmaßen

Über die Haltung der Gliedmaßen kann ein Hund seine von anderen wahrgenommene Größe beeinflussen. Sind die Gliedmaßen voll gestreckt, macht er sich größer – das kommt besonders im Zusammenhang mit Imponieren oder bestimmten Formen des Drohverhaltens vor (Sicheres Drohen, siehe S. 101). Sind die Gliedmaßen an den Gelenken eher gebeugt, wirkt der Hund kleiner – „Sich-kleiner-Machen" beobachtet man besonders beim Demutsverhalten oder bei Angst. Manchmal werden auch nur die Hintergliedmaßen gebeugt. Die Stellung einzelner Gliedmaßen kann ebenso eine Bedeutung haben. Ein seitwärts ausgestelltes Hinterbein wird manchmal im Rahmen von Demutsverhalten gezeigt. Ursprünglich stammt dieses Verhalten vermutlich aus der Welpenzeit: Die Mutterhündin beleckt diesen Bereich zur Anregung von Kot- oder Urinabsatz. Beim ausgewachsenen Hund ist das Ausstellen des Hinterbeins quasi eine Aufforderung zur „Fürsorge" und dient dem Abbau bzw. der Umlenkung von vermutetem aggressiven Verhalten des Gegenübers. Eine einzelne angehoben Vorderpfote kann im Rahmen von Beschwichtigungsverhalten gezeigt werden, aber auch beim Lauern oder bei Jagdhunden als „Vorstehen".

1) Eine angehobene Vorderpfote im Rahmen von Demuts- oder Beschwichtigungsverhalten.

2) Reaktion einer jungen Hündin auf die Annäherung eines („aufdringlichen") Rüden: abgeknickte Hintergliedmaße, dadurch wird das gesamte Hinterteil abgesenkt.

3) Dieselbe Hündin bei entspannter Aufmerksamkeit: die Gliedmaßen sind durchgestreckt, dazu passen auch der erhobene Kopf und die Ohrenhaltung.

Fell

Hunde können ganz unterschiedliches Haarkleid haben: hell oder dunkel, kraus oder glatt, unterschiedlich lang. Haarfarbe und -struktur beeinflussen die Kommunikationsfähigkeit eher indirekt, indem sie Akzente setzen (Aufhellungen um die Lefzen, Augenbrauen), signalgebende Komponenten oder Körperkonturen verdecken (langes Fell, Locken).

Das Haaresträuben (Piloerektion) hat jedoch primär Signalcharakter. Es kommt im Zusammenhang mit Erregung, Unsicherheit und Stress vor. Die Haare werden durch einen Muskel aufgerichtet, der unwillkürlich innerviert ist, d.h. das Haaresträuben ist keine willentliche oder bewusste Reaktion des Hundes. Ist kein externer Auslöser erkennbar, könnten auch Schmerzen (als Stressfaktoren) als Ursache für das Haaresträuben infrage kommen. Hunde, die sich nicht wohl fühlen, oder Hunde mit Problemen des Bewegungsapparates (insbesondere an der Hüfte oder Wirbelsäule) haben manchmal eine „Schmerzbürste“ an der entsprechenden Stelle.

Durch gesträubtes Nackenfell bis hin zu gesträubten Haaren über der ganzen Rückenlinie kann ein Hund größer wirken. Je stärker die Unsicherheit eines drohenden Hundes ist, desto intensiver kann das Haaresträuben ausfallen.

Bei langhaarigen Hunden sind Körperkonturen und Haaresträuben kaum zu erkennen (links).
Bei Hunden mit heller Fellfärbung und dunklen Konturen kann man Augen und Lefzen viel besser erkennen als bei Hunden mit insgesamt dunklem Fell (rechts).

Bei diesem Hund sind die Haare vom Nacken bis zum Schwanzansatz gesträubt – ein Zeichen für deutliche Unsicherheit.

Ein aufmerksamer Schafspudel.

Körperhaltung

Die Körperhaltung ist eine Komposition aus Kopf- und Rutenhaltung sowie der Gliedmaßenstellung.

Bei einigen Verhaltensweisen korrespondieren die einzelnen Komponenten und der Hund ist insgesamt aufgerichtet (z. B. bei hoher Aufmerksamkeit, Imponierverhalten) oder insgesamt geduckt (Demutsverhalten).

In anderen Fällen können sich vordere und hintere Körperhälfte „widersprechen". Beim Spielen z. B. können Hunde mit der sogenannten „Vorderkörpertiefstellung" zum Spielen auffordern. Auch im Rahmen vom Demutsverhalten können Hunde sich schwerpunktmäßig vorne oder hinten ducken.

Liegepositionen (auf der Seite oder dem Rücken) werden häufiger beim Spiel oder beim Demutsverhalten eingenommen. Bei der Entscheidung, ob und wie sich der Hund hinlegt, spielen die bisherigen Erfahrungen und die aktuelle Situation (also auch das Verhalten des jeweiligen Gegenübers) eine große Rolle. Besonders für Liegen oder sich Hinwerfen als Demutsverhalten muss hervorgehoben werden, dass der Hund sich selber in die entsprechende Position begibt – er also nicht umgeworfen wird.

Durch die Verteilung des Körpergewichtes kann eine Tendenz nach hinten (ausweichen) oder nach vorne (vorspringen) unterstrichen werden.

Körperspannung

Zusätzlich zu den bisher besprochenen Verhaltenselementen kann auch die Körperspannung zur Beurteilung eines Hundes hinzugezogen werden. Besonders bei kurzhaarigen Hunden kann man den Tonus der Muskeln an den Gliedmaßen oder auch am Hals gut

Die junge Hündin rechts im Bild bewegt sich stark geduckt von der älteren Hündin, die leicht unsicher droht, weg.

erkennen. Auch das Durchstrecken der Gelenke an den Gliedmaßen, einschließlich der Schultern, ist ein Hinweis für hohe Körperspannung.

Wenn der Körper auf „Aktion" eingestellt ist, ist die Körperspannung eher hoch: z.B. bei einer stürmischen Begrüßung, Imponieren, Drohverhalten, bei bestimmten Spielformen (Lauern, Jagdspiel).

Im Rahmen vom Demutsverhalten (Aktive Demut, siehe S. 84) kann die Körperspannung manchmal eher niedrig sein: Die Hunde bewegen sich dann ganz schlacksig, fast wie Junghunde. Auch bei „Liegespielen" oder beim sozialen Miteinander mit vertrauten Sozialpartnern ist die Körperspannung eher niedrig.

Verschiedene „Hundetypen"

Bisher wurde besprochen, welche Ausdrucksregionen es gibt und welche grundsätzlichen Ausdrucksmöglichkeiten damit verbunden sind. Wenn man einen speziellen Hund beurteilen möchte, muss man „im Geiste" ein Bild dieses Hundes in neutraler oder entspannter Stimmung haben. Abweichungen von diesem „geistigen Bild" sind dann die Grundlagen für die Beurteilung oder Einschätzung eines aktuell gezeigten Verhaltens.

Bedingt durch anatomische Gegebenheiten können verschiedene Hunde trotz gleicher Gefühlszustände ganz unterschiedlich aussehen. Oder umgekehrt: Wenn Hunde gleich aussehen, muss das nicht bedeuten, dass sie tatsächlich den gleichen Gefühlszustand haben.

Einstufen von Signalen

Ein imponierender Labrador trägt zum Beispiel die Rute deutlich über der Rückenlinie. Bei anderen Hunderassen (z.B. Dalmatiner, Dobermann) wird die Rute manchmal auch in entspannter Haltung ähnlich hoch getragen. Damit sich Hunde trotz dieser Unterschiede untereinander verstehen, ist es wichtig, dass sie schon im Welpenalter regelmäßig Kontakt zu Hunden mit möglichst unterschiedlichen Körpermerkmalen hatten (siehe S. 32.). Das Erkennen und korrekte Einstufen von Signalen einer von der eigenen optisch abweichenden Hunderasse ist nicht angeboren, kann und sollte aber erlernt werden.

Vorderkörpertiefstellung: beim linken Hund im Vollbild, beim rechten ist der Ansatz dazu angedeutet.

Dezentes Meindeverhalten: der rechte Hund lehnt sich möglichst weit von dem linken Hund weg.

Ausdrucksregionen bei

Hundetypen

Durch die unterschiedlichen Stellungen der verschiedenen Ausdrucksregionen kann der Hund seine Stimmung (oder Gestimmtheit) signalisieren. Nachfolgend werden einige unterschiedliche „Hundetypen" in unterschiedlichen Stimmungen von „Aufmerksamkeit" bis hin zu „deutlicher Unsicherheit" vorgestellt. Im Zusammenleben mit Hunden ist es wichtig, auch kleine Unterschiede zu erkennen, richtig einzuordnen und sich als Kommunikationspartner angemessen zu verhalten.

Malinois

Französische Bulldoge

Gesamtausdruck Aufmerksamkeit. Die signalgebenden Komponenten sind nach vorne/oben orientiert.

Bei leichter Unsicherheit oder Demutsverhalten sind die signalgebenden Komponenten eher nach hinten/unten orientiert.

Bei deutlicher Unsicherheit sind die signalgebenden Komponenten sehr deutlich nach hinten/unten orientiert, das Körpergewicht ist vom Gegenüber weg verlagert.

verschiedenen Rassen

Labrador Retriever

Mischling

Australian Shepherd

Verhaltensgruppen

Sind bei den verschiedenen Verhaltensgruppen die einzelnen Ausdruckselemente in Tabellenform aufgelistet, ist damit immer das „Vollbild“ gemeint. Natürlich muss nicht jeder Hund z. B. Aktive Demut immer im Vollbild zeigen; Abstufungen sind möglich.

Soziale Annäherung

In diese Gruppe fallen Verhaltensweisen, die in entspannter und freundlicher Stimmung gezeigt werden und in deren Verlauf der Abstand zwischen den beteiligten Individuen verringert wird. Deshalb spricht man auch von abstandsverringernden oder sozio-positiven Verhaltensweisen. Die Initiative kann von einem oder beiden „Gesprächspartnern“ ausgehen. Motiviert wird das Verhalten durch das Bedürfnis, eine soziale Bindung aufzubauen oder zu festigen. Dabei werden Informationen ausgetauscht: Man sendet Informationen über sich und erhält Informationen vom Gegenüber. Die Begegnungen können kurz sein oder intensivere Kontakte einleiten, die dann ganz unterschiedlich verlaufen können.

Intensiver Informationsaustausch

Zusammenhalt fördern

Die soziale Annäherung hat zwischen den Mitgliedern einer festen Gruppe eine besondere Bedeutung: Bestehende Bindungen werden gepflegt, gefestigt oder erneuert und dadurch der Gruppenzusammenhalt gefördert. Im Rahmen der sozialen Annäherung zeigen besonders gut befreundete oder eng zusammenlebende Tiere gegenseitiges Fellpflegeverhalten (sogenanntes Allogrooming), Schnauzenkontakte oder auch Kontaktliegen.

Info Soziale Annäherung

Beispiele für Verhaltenselemente der sozialen Annäherung

- Annäherung,
- Blickkontakt,
- gegenseitiges Beknabbern, Belecken,
- verschiedene Schnauzenkontakte,
- genitale und/oder anale Geruchskontrolle, Fellwittern,
- Kopfauflegen,
- Drängeln, Folgen, Reiben,
- Kontaktliegen,
- „Etwas zusammen machen".

Beim Allogrooming kommt es zum gegenseitigen Belecken und Beknabbern, wobei am Kopf überwiegend beleckt wird, während am restlichen Körper eher beknabbert wird. Auch Schnauzenkontakte kommen unter befreundeten Tieren häufig vor. Dabei werden freundliche „Fechtkämpfe" mit den Schnauzen ausgeführt und es wird häufig Schnauzenlecken und Schnauzenstoßen gezeigt.

Aktive Demut

Unter dem Begriff „Aktive Demut" werden Verhaltensweisen der sozialen Annäherung zusammengefasst, die bei der Begrüßung gegenüber einem freundlichen und/oder vertrauten Sozialpartner gezeigt werden. Die Bezeichnung „aktiv" soll verdeutlichen, dass sich der Hund dabei aktiv auf das Gegenüber zubewegt.

In festen sozialen Gruppen wird das Verhalten oft spontan gezeigt, also ohne, dass der „Zeigende" unmittelbar von einem Gegenüber durch eine Bedrohung dazu veranlasst worden ist. Neuere Beobachtungen bei frei lebenden Wölfen haben gezeigt, dass Verhaltensweisen der sozialen Annäherung, insbesondere die Aktive Demut, einen Großteil der an einem Tag innerhalb des Rudels gezeigten Verhaltensweisen ausmachen.

Die Aktive Demut kann aber auch als Reaktion auf Droh- oder Imponierverhalten gezeigt werden, um einen Konflikt zu entschärfen. Als Element der sozialen Annäherung und als so-

Riechen und Riechenlassen sind Verhaltensweisen der sozialen Annäherung (links). Auch Schnauzenzärtlichkeiten gehören zur sozialen Annäherung (rechts).

Aktive Demut gegenüber der Besitzerin (links). Maulwinkellecken eines jungen Hundes bei einer älteren (fremden) Hündin (rechts).

zio-positive Verhaltensweise findet dabei tatsächlich auch eine Annäherung statt. Der Kontakt zum Gegenüber wird aktiv gesucht und über eine gewisse Zeit gehalten. Dies ist ein Unterschied zur „Passiven Demut“, einem Konfliktverhalten, das eine eigene Gruppe im Ethogramm bildet und bei dem der Abstand zum Gegenüber nicht verringert, sondern beibehalten oder vergrößert werden soll (siehe S. 88).

Maulwinkellecken

Eine typische Geste der aktiven Demut ist das Maulwinkellecken. Es hat sich aus dem Maulwinkelstoßen der Welpen gegen den Kopf- und Schnauzenbereich der Elterntiere beim Futterbetteln entwickelt. Oft wird es von jüngeren Hunden gezeigt, aber auch erwachsene Hunde können dieses Verhalten im Rahmen der Aktiven Demut zeigen.

Ausdruckselemente der Aktiven Demut	
Maulspalte	zurückziehen der Lippen (engl.: submissive grin)
Schnauze	Maulwinkellecken, Maulwinkelstoßen, beim Mensch wird ersatzweise häufig auch die Hand als Ziel genommen
Augen	schlitzförmig
Stirn	Stirnhaut ist glattgezogen
Ohren	seitlich gedreht, können leicht nach hinten zeigen
Kopfhaltung	flach, in Verlängerung der Rückenlinie
Körperhaltung	geduckt, Hinterbein seitlich ausdrehen
Rute	gesenktes Wedeln oder eingezogene Rute

Allelomimetisches Verhalten

Es umfasst Verhaltensweisen, die der Stimmungsübertragung dienen und sogenannten „Ansteckungscharakter“ haben. Es dient der Verhaltenssynchronisation innerhalb einer sozialen Gruppe (Feddersen-Petersen, 2008).

„Übertriebene“ Submission

Manchmal geraten besonders junge oder aufgeregte Hunde in einen Teufelskreis: Sie zeigen einem anderen (erwachsenen) Hund gegenüber Aktive Demut, allerdings auf eine so aufgeregte, aufdringliche Art, dass dieser mit Drohverhalten (Knurren, Abwehrschnappen) reagiert. Das wiederum veranlasst den jungen Hund noch aufgeregter und intensiver Demutsverhalten zu zeigen – und der Adressat dieses Verhaltens wird immer genervter. Damit die Situation nicht eskaliert, ist es wichtig, dass der ältere Hund die Möglichkeit zum Ausweichen oder zum Rückzug hat.

Gar nicht so selten beobachtet man auch ein Verhalten, das von halbwüchsigen (meist männlichen) Hunden gegenüber älteren (ebenfalls meist männlichen) Hunden gezeigt wird und eine Mischung aus Imponierverhalten, Spielaufforderung und Aktiver Demut zu sein scheint. Wahrscheinlich ist das Verhalten tatsächlich mischmotiviert: einerseits das Ausprobieren von „Erwachsenenverhalten“ (Imponieren, z. B. Aufreiten) und das Ausloten von Grenzen zur Einordnung der eigenen Position, andererseits zeigen die Hunde verschiedene Verhaltensweisen zur Deeskalation (z. B. Demutsverhalten, Spielverhalten).

Info Stimmung

Beispiele für allelomimetische Verhaltensweisen im Rahmen der sozialen Annäherung

- Kontaktliegen, Anschmiegen
- miteinander Laufen
- zusammen Schnuppern
- zusammen Warten, Wachen
- Chorheulen

Gemeinsames Schnuppern als Beispiel für allelomimetisches Verhalten.

1) Hier wird die „übertriebene“ Submission als lästig empfunden.

2) Die ältere Hündin versucht sich abzuwenden.

3) Als die Ältere vorbeigeht, fällt die junge Hündin (ohne Berührung durch die andere) in die Seitenlage.

Unten: Sich so zu wälzen, kann Aufforderungscharakter haben und durchaus ansteckend sein.

Passive Demut

Verhaltensweisen der Passiven Demut werden als Reaktion auf einen Schreck, eine subjektiv empfundene Gefahr oder Bedrohung oder aus einem starken Stresszustand gezeigt, z. B. auch als Reaktion auf Imponier- oder Drohverhalten. Das Ausdrucksverhaltender Passiven Demut kann dem der Aktiven Demut ähneln.

Die Zuordnung wird erleichtert, wenn man darauf achtet, ob ein Verhalten „abstandsverringernd" (Passive Demut) ist. Ein Hund, der Passive Demut zeigt, möchte den Abbruch eines bedrohlichen Verhaltens und eine Distanzvergrößerung zum Gegenüber erreichen. Auch nach Beendigung des Konfliktes wird der Abstand zum ehemaligen Konfliktpartner noch eine Weile aufrechterhalten. Trotz des Begriffes „passiv" wird das gezeigte Verhalten nicht vom Gegenüber körperlich erzwungen. Wenn ein Hund sich im Rahmen der Passiven Demut auf die Seite legt, dann tut er dies eigenständig, er wird nicht umgeworfen (siehe S. 90). Die Intensität des gezeigten Verhaltens ist davon abhängig, wie bedrohlich die Signale des Senders empfunden werden. Dabei ist die Beurteilung „wenig bedrohlich" oder „stark bedrohlich" ganz individuell vom subjektiven Empfinden des einzelnen Hundes abhängig.

Zusätzlich zu den optischen Signalen kann auch Harn abgesetzt werden – dies wird besonders oft bei jungen Hunden beobachtet. Auch akustische Signale wie Fiepen oder Winseln kommen vor (siehe S. 114).

Passive Demut soll eine mögliche Aggression des Gegenübers deeskalieren. Reagiert das Gegenüber nicht in diesem Sinne, kann der Hund versuchen zu fliehen oder auch Droh- oder Angriffsverhalten zeigen – die schon früher erwähnten „4 F's" gelten auch hier (siehe S. 37).

Der linke Hund zeigt Passive Demut: Er möchte, dass sein Gegenüber den Abstand vergrößert.

Der Hund zeigt gegenüber dem ihn bedrohenden Menschen Passive Demut (oben).
Wichtig zu erkennen: Anfassen ist nicht erwünscht (unten).

Ausdruckselemente der Passiven Demut	
Maulspalte	Zurückziehen der Lippen (lange Maulspalte)
Schnauze	glatter Nasenrücken
Augen	schlitzförmig durch Glattziehen der Stirnhaut, Blick abgewandt
Stirn	glattgezogen
Ohren	je nach Intensität leicht zurückgedreht bis flach hinten am Kopf anliegend, zum Teil bis sich die Ohrspitzen berühren
Kopf	abgewandt, gesenkt
Rute	gesenkt bis komplett eingezogen
Körperhaltung	von gesenkt, zusammengeschoben oder geduckt bis hin zu Hinsetzen oder auch Seiten-, bzw. Rückenlage

Missverständnis „Rückenlage“

Bei dem Ausdruckselement „Ohrenanlegen“ ist es nachvollziehbar, dass der Hund die Ohren als Botschaft an sein Gegenüber selbst anlegt. Anders ist es bei der „Rückenlage“: Häufig wird davon ausgegangen, dass der „überlegene“ Hund den „unterlegenen“ umschmeißt, um so das Demutsverhalten und die „Unterwerfung“ zu erzwingen. Tatsächlich ist dies nicht der Fall: Wenn ein Hund sich – analog zum „Ohrenanlegen“ – im Rahmen von Demutsverhalten auf die Seite oder den Rücken legt, tut er dies ohne direkte körperliche Einwirkung des Gegenübers.

Hunde legen sich auch hin, um eine soziale Annäherung zu genießen (oben) oder zu erdulden (unten).

Deshalb ist die „Alpha-Rolle“, bei der ein Mensch einen Hund in die Seiten- oder Rückenposition zwingt, um ihn „zu unterwerfen“, neben anderen Gründen nicht sinnvoll – im Gegenteil, sie belastet das Miteinander von Mensch und Hund.

Imponierverhalten

Imponierverhalten wird gezeigt, um Stärke zu demonstrieren und das Gegenüber zu beeindrucken – gegenüber dem eigenen Geschlecht (Konkurrenz) oder gegenüber einem möglichen Fortpflanzungspartner. Durch Imponierverhalten soll ein Konflikt mit direktem Körperkontakt und somit ein Verletzungsrisiko vermieden werden. Der imponierende Hund versucht, Kraft und Größe zur Schau zu stellen und so sein Gegenüber derart zu beeindrucken, dass dieses von einer körperlichen Auseinandersetzung absieht. Imponierverhalten spiegelt eine Kon-

„Rückenlage = Demutsverhalten?“ (verschiedene Beispiele)

Ein größerer Hund liegt sich während eines Spiels als Aufforderung zum Rollentausch hin (Handicap-Pose), um einen kleineren Hund zu einer „Attacke“ zu ermuntern.
Ein Hund legt sich im Rahmen der Aktiven Demut auf die Seite. Im Kontakt mit einem vertrauten Menschen auch als Aufforderung zum Streicheln.
Ein Hund legt sich im Rahmen Passiver Demut auf die Seite und zeigt weitere Verhaltenselemente der Passiven Demut.
Ein Hund wird im Rahmen einer aggressiven Auseinandersetzung umgeworfen und zeigt dann (als Reaktion) aus dieser Position heraus Passive Demut.
Ein Hund hat aufgrund bisheriger Erfahrungen gelernt, dass es sinnvoll ist, sich bei einer aggressiven Auseinandersetzung mit einem größeren Hund hinzulegen und sich „von unten“ zu erwehren.
Ein Hund wird im Rahmen einer aggressiven Auseinandersetzung umgeworfen, zeigt kurz Passive Demut und dann Abwehrdrohen oder offensives Verhalten aus dem Liegen heraus.

fliktsituation wieder. Es besteht beim imponierenden Hund eine leichte Unsicherheit über die Situation. Über das Imponieren gibt er Informationen an das Gegenüber, die helfen können, den Konflikt ohne Körperkontakt zu lösen, und verschafft sich gleichzeitig durch die Nähe zum Partner Informationen über diesen. Erfüllt das Imponierverhalten nicht seinen Zweck, kann es auch in Drohverhalten übergehen und es könnte zu einer aggressiven Auseinandersetzung kommen.

Innerhalb einer fest etablierten sozialen Gruppe imponieren überwiegend Hunde mit geringen Statusunterschieden gegeneinander. Bei Tieren mit großem Statusunterschied sind die Positionen und die Kräfteverhältnisse geklärt und Konflikte treten insgesamt mit geringerer Häufigkeit und Intensität auf. Verhaltensweisen, die zum Imponierverhalten gehören, sind relativ fixiert und ritualisiert, eine Konfrontation mit intensiviertem oder verlängertem Körperkontakt wird eher vermieden.

Weiteres Imponierverhalten

Um die optischen Signale zu verstärken, kann es zum Absetzen von Duftmarken und Imponierscharren kommen. Die Tiere setzen unter Umständen mehrmals kleinere Mengen Urin oder sogar Kot ab. Nach dem Urin- oder Kotabsatz scharrt der Hund mit den Hinterbeinen kräftig nach hinten. Auf diese Weise werden geruchliche (durch Schweißdrüsen zwischen den Zehen) und optisches Signale (das Scharren an sich, aber auch die Scharrspur) gesetzt.

Die Tiere können auch sogenanntes Imponierschieben zeigen. Hierbei drängt der imponierende Hund sein Hinterteil gegen die Vorderbrust des

Wenn ein größerer Hund gegenüber einem kleineren Imponierverhalten zeigt, kann das bedrohlich wirken, ohne so gemeint zu sein.

Ausdruckselemente beim Imponieren	
Augen	Blick abgewandt (sicher) bis Fixieren (unsicher „maskiert")
Ohren	Ohrwurzel wird nach vorn gedreht und gegen den Scheitelpunkt des Schädels hin zusammengezogen, sodass bei Stehohren die Ohröffnung nach vorne zeigt; Schlappohren können seitlich am Kopf hochgezogen werden (wie ein Satteldach beim Haus)
Kopf	erhoben, eventuell Kopfauflegen (ein Hund legt dem anderen den Kopf auf den Rücken)
Rute	angehoben, bei Erregung wird ein zackiges, steifes Wedeln (hochfrequent mit geringer Amplitude) gezeigt, häufig auch unterstrichen mit leisem Fiepen
Gliedmaßen	durchgestreckt, eventuell Pfoteauflegen (ein Hund legt dem anderen eine Vorderpfote auf den Rücken)
Körperhaltung	aufgerichtet, alle Gelenke werden gestreckt, dadurch entsteht ein steifer Gang. Nackenfell kann zusätzlich aufgerichtet werden (als Zeichen von Stress bzw. leichter Unsicherheit), Aufreiten
Körperspannung	angespannt

Der Rüde zeigt Imponierverhalten gegenüber einer Hündin. Die reagiert unsicher – und der Rüde versucht durch eine Spielaufforderung zu deeskalieren.

anderen oder schiebt ihn seitlich weg. Im Laufe solcher Interaktionen kann es auch zur Ausbildung einer sogenannten „T-Stellung“ kommen. Hierbei stehen die Hunde so zueinander, dass sie den Buchstaben „T“ darstellen. Der Hund, der den Querbalken des „Ts“ bildet, hat sich dem anderen in den Weg gestellt. Solche Einschränkungen der Bewegungsfreiheit eines Tieres werden meist von dem vorgenommen, der das stärkste Interesse an einer Ressource oder die größte Erfahrung mit der Situation hat. Das würde beim Beispiel der T-Stellung bedeuten, dass derjenige, der den Querbalken bildet, situativ die dominante Position einnimmt. Diese hat er aber nur so lange, wie der andere Hund dies auch zulässt. Auch hier ist im Verlauf der Interaktion ein Wechsel der Positionen möglich.

Beurteilung Imponierverhalten

In der Literatur finden sich unterschiedliche Beurteilungen von „Imponierverhalten“, teilweise wird Imponieren als „ungerichtetes Drohen“ bezeichnet (Feddersen-Petersen, 2008) und zum agonistischen Verhalten gezählt. Feddersen-Petersen (2008) meint, dass vor allem das von selbstsicheren Rüden gezeigte Imponierverhalten leicht in Droh- und Angriffsverhalten übergehen könne. Ziemen (1991) geht davon aus, dass die Anspannung und die gehemmten Bewegungen beim Imponieren Symptome für Angst seien, gekoppelt mit einer gewissen Angriffstendenz. Die Angst würde verhindern, dass sich aus dem Imponieren heraus ein Ernstkampf entwickelt.

Imponierverhalten grundsätzlich dem agonistischen Verhalten zuzuordnen, erscheint unter dem Aspekt, dass Imponierverhalten nicht nur gegenüber Gleichgeschlechtlichen, sondern auch gegenüber einem Fortpflanzungspartner gezeigt wird, nicht sinnvoll.

Imponieren mit ungerichtetem Drohen gleichzusetzen, widerspricht den Ergebnissen von Schöning (siehe S. 45). Bei ihren Untersuchungen war die Gruppe „Imponierverhalten“ deutlich gegen die Gruppe „Drohverhalten“ abgegrenzt. Ein möglicher Übergang von Imponierverhalten zu Drohverhalten kann durch verschiedene Faktoren beeinflusst werden. Ob und wie Imponierverhalten gegenüber Menschen gezeigt wird, ist bisher ungeklärt.

Sichere und unsichere Hunde

Die Aussage, dass Imponierverhalten besonders bei selbstsicheren Rüden häufiger in Droh- und Angriffsverhalten übergehen kann, widerspricht der Annahme, dass aggressive Verhaltensweisen eher von unsicheren Hunden als von sicheren Hunden gezeigt werden. Besonders sichere Hunde zeichnen sich durch eine relativ hohe soziale Kompetenz aus (und umgekehrt: soziale Kompetenz gibt Sicherheit) und aggressives Verhalten wird eher selten gezeigt. Insbesondere „Angriffsverhalten" ist im Rahmen der aggressiven Kommunikation schon sehr weit oben in der Skala aggressiver Verhaltensweisen anzusiedeln. Angriffsverhalten ist daher eher eine „worst case"-Alternative, d.h. eine Strategie für den „schlimmsten Fall", wenn keine anderen Alternativen zur Konfliktlösung zur Verfügung stehen (siehe auch „4 F's, S. 37 ff.).

„Imponiersituationen" zwischen Hunden, die sich durch regelmäßige soziale Kontakte gut kennen, sind häufig durch Imponieren des einen (eventuell älteren) und Deeskalation des anderen (eventuell jüngeren) Hundes gekennzeichnet. Kennen sich die beteiligten Hunde nicht und haben sie keinen Erfahrungswert darüber, was sie von dem anderen halten sollen, kann der Faktor „Unsicherheit" die Begegnung maßgeblich beeinflussen: Ein unsicherer Hund könnte – aufgrund dieser Ungewissheit – aus dem Imponieren heraus schneller aggressives Verhalten zeigen. Aber auch (Lern-)Erfahrungen aus früheren Begegnungen können eine Situation beeinflussen.

„Sicherheit" bzw. „Unsicherheit" der beteiligten Hunde scheint (neben der Anwesenheit der Ressource „Fortpflanzungspartner") eine große Rolle beim Verlauf von solchen Situationen zu spielen.

Der Malinois imponiert gegenüber einer Hündin und zeigt dabei ein typisches „Flirtgesicht". Gegenüber einem anderen Rüden imponiert der Malinois leicht unsicher.

Exkurs: Sicherheit und Unsicherheit

Die Begriffe „Sicherheit" und „Unsicherheit" werden ganz unterschiedlich definiert, je nachdem, in welchem Zusammenhang sie benutzt werden. In der Physik z.B. bestimmen Sicherheit und Unsicherheit die Genauigkeit einer Messmethode, bei Vorhersagen, z.B. dem Wetterbericht, die Wahrscheinlichkeit, mit der die entsprechende Vorhersage eintrifft. In der Humanpsychologie beschreibt (Selbst-) Sicherheit bzw. (Selbst-)Unsicherheit einen emotionalen Zustand, wobei Unsicherheit als bewusst wahrgenommener Mangel an Sicherheit bezeichnet wird.

„Unsicherheit zeigen" bedeutet, verschiedene Verhaltensweisen aus der Emotion „Angst" heraus zu zeigen. Schnelle Angstbereitschaft kann genetisch bedingt sein oder aufgrund von (Lern-)Erfahrungen entstehen. Oft lässt sich Angst in einer bestimmten Situation nicht auf eine konkrete Ursache zurückführen, sondern man muss von mehreren Faktoren ausgehen. Es gibt Hunde, die in sehr vielen unterschiedlichen Situationen Unsicherheit zeigen; eine genetische Disposition oder Deprivation während der Sozialisationsphase (siehe S. 32) spielt in diesen Fällen oft eine große Rolle. Teilweise ist Unsicherheit auch auf ganz bestimmte Situationen beschränkt, in denen der Hund schon einmal schlechte Erfahrungen gemacht hat.

Meist sind Hunde in einer individuellen Situation nicht ausschließlich unsicher oder sicher, sondern eher ambivalent. Signale, die für „Unsicherheit" stehen, und solche, die für „Sicherheit" stehen, können gleichzeitig gezeigt werden oder wechseln, wobei ein „Stimmungswechsel" so schnell passieren kann, dass er dem menschlichen Beobachter entgeht. Wenn wir von einem „unsicheren Hund" oder „sicheren Hund" sprechen, gehen wir von der momentan (aktuell) überwiegenden Gestimmtheit aus. Unsichere Hunde können auch lernen, Sicherheit „vorzutäuschen": z.B. wenn ein Hund die Erfahrung gemacht hat, dass das Zeigen von „Sicherheit" (z.B. durch eine aufgerichtete Körperhaltung) ein Gegenüber auf Abstand hält.

Zuordnung zu den Verhaltensgruppen

Unsicheres oder sicheres Verhalten wird oft zusammen mit Verhaltensweisen aus den anderen Gruppen gezeigt, man kann dann z.B. von „unsicherem/sicherem Imponieren", „unsicherem/sicherem Drohen" oder „unsicherem/sicherem Spielverhalten" sprechen. Bei einigen Verhaltensgruppen wie „Passiver Demut" oder „Meide- oder Fluchtverhalten" ist grundsätzlich Unsicherheit vorhanden. Ob und wie intensiv ein Hund Unsicherheit zeigt, hängt davon ab, wie stark er sich bedroht fühlt. Die Intensität von „unsicher" bzw. „sicher" ist graduell und kann von „leicht unsicher/sicher" bis zu „sehr unsicher/sicher" gehen. Das spiegelt sich dann auch in der Ausprägung der gezeigten Ausdruckselemente wider. Allgemein kann man sagen, dass bei einem sicheren Hund die Körpersignale nach vorne/oben oder in Richtung des Gegenübers gerichtet sind. Bei einem unsicheren Hund weisen die verschiedenen Ausdruckselemente eher nach hinten/unten bzw. von einem Gegenüber weg. In Ergänzung zur Tabelle auf S. 62/63 sind hier noch einmal die Unterschiede zwischen sicherem und unsicherem Display gegenübergestellt.

Dieser Schafspudel zeigt in verschiedenen Situationen ein abgestuftes Verhalten von eher sicher (1) über leicht unsicher (2) bis hin zu deutlich unsicher (3).

Ausdruckselemente „sicher"/„unsicher"

	sicher	unsicher
Maulspalte	kurz, rund	lang, spitz
Augen	Blick auf das Gegenüber gerichtet	Blick abgewandt, Augen „flackern"
Ohren	nach vorn	zurückgelegt
Kopf	erhoben	abgesenkt
Rute	angehoben	abgesenkt
Gliedmaßen	durchgestreckt	eingeknickt
Körperhaltung	aufgerichtet	macht sich klein

Agonistisches Verhalten

„Verhalten bei Bedrohung" umfasst alle Verhaltensweisen, die als Reaktion auf eine Bedrohung, einen Angriff oder eine Störung gezeigt werden können. Es enthält sowohl aggressive Verhaltensweisen als auch Verhaltensweisen der Deeskalation und der Flucht.

Räumliche Distanz

Ziel agonistischen Verhaltens ist es, die räumlich-zeitliche Distanz zu einem als bedrohlich empfundenen Gegenüber aufrechtzuhalten oder zu vergrößern. Definitionen wie diese klingen oft recht theoretisch, deshalb soll ein Beispiel Klarheit schaffen.

A fühlt sich durch B bedroht, A möchte einen Abstand zwischen sich und B aufrechterhalten. A hat verschiedene Möglichkeiten, um dieses Ziel zu erreichen:

- A kann durch Deeskalationsverhalten den Konflikt beenden.
- A kann Meideverhalten zeigen bzw. die Flucht antreten.
- A kann Drohverhalten zeigen, um B auf Abstand zu halten.
- A kann B durch einen Angriff in die Flucht schlagen oder sogar töten.

Häufig beobachtet man, dass ein Hund in solch einer Situation ambivalentes Verhalten zeigt. Ambivalentes Verhalten bedeutet, dass einem Verhaltensmuster gleichzeitig zwei verschiedenartige Bereitschaften (Motivationen) zugrunde liegen, z.B. Angriffs- und Fluchtbereitschaft. Es besteht also ein Konflikt zwischen verschiedenen Verhaltenstendenzen. Es ist auch möglich, dass verschiedene „Lösungsstrategien" nacheinander ausprobiert werden, um den Konflikt zu lösen: Lässt sich der Konflikt nicht durch Deeskalationsverhalten beenden, könnte der Hund versuchen zu flüchten. Wenn Flucht nicht möglich ist oder nicht zum Erfolg führt (die „Bedrohung" folgt hinterher), könnte sich der Hund auch zum Drohen oder sogar zum Angriff entscheiden. Die Übergänge zwischen den verschiedenen Strategien sind oft fließend. Welches Verhalten letztlich gezeigt wird, hängt von vielen verschiedenen Faktoren ab: zum Beispiel den individuellen (Lern-)Erfahrungen der beteiligten Individuen, den räumlichen Verhältnissen, der Anwesenheit einer wichtigen Ressource (Futter, Fortpflanzungspartner) oder dem allgemeinen Stresslevel. Auch die Annäherung eines weiteren Hundes oder Menschen nimmt Einfluss auf den Verlauf einer Situation.

Info Bedrohung

Unterteilung agonistischen Verhaltens
- Drohverhalten
- gehemmtes (Angriffs-)Verhalten
- ungehemmtes (Angriffs-)Verhalten
- Flucht bzw. Verhalten zur Deeskalation

Die linke Hündin nimmt den Kopf leicht zur Seite und wendet sich von der anderen Hündin ab – eine Möglichkeit, um eine zeitlich-räumliche Distanz aufzubauen.

Drohverhalten

Drohverhalten wird als aggressive Kommunikation bezeichnet und wird gezeigt, um ein Gegenüber über den eigenen emotionalen Zustand zu informieren: „Ich fühle mich durch dich bedroht, halte Abstand." Diese Information an das Gegenüber ist für den weiteren Verlauf der Situation wichtig: Das Gegenüber kann die Bedrohung beenden (z. B. durch Distanzvergrößerung) oder aufrechterhalten und eine „Verschärfung" des Konfliktes durch weitere Annäherung riskieren.

Info Drohen

Beispiele für Verhaltensweisen im Rahmen von Drohverhalten

- Blickfixieren (mit weiteren Drohelementen
- Piloerektion (Haaresträuben)
- Nasenrückenrunzeln
- Zähnezeigen
- Knurren
- Bellen
- Vorspringen
- Schnappen

Drohverhalten wird als frühe Stufe in der Eskalationskaskade aggressiver Verhaltensmuster gezeigt – wenn in einer Konfliktsituation Strategien der Deeskalation nicht zum Erfolg führen (Beendigung des Konfliktes), wenn ein Rückzug nicht möglich ist (z. B. an der Leine oder in beengten räumlichen Verhältnissen), bei plötzlichem Schreck oder wenn entsprechende Lernerfahrungen aus früheren Situationen bestehen („Drohen ist das beste Verhalten zur Problemlösung"). Vor einem Angriff gezeigtes Drohverhalten gibt dem Gegenüber die Möglichkeit, sein eigenes Verhalten noch einmal zu „überdenken" und damit einer körperlichen Auseinandersetzung aus dem Wege zu gehen. Drohverhalten senkt also das Verletzungsrisiko zwischen den Lebewesen!

Drohverhalten kann sich in kaum sichtbaren Übergangsformen aus Imponierverhalten entwickeln oder aus einer Spielsituation, bei der sich ein Spielpartner durch das wilde Spiel des anderen überfordert = bedroht fühlt. Häufig beobachtet man Drohverhalten bei einem Konflikt, bei dem es um die Verteidigung einer Ressource geht. Dabei kann es um einen Knochen gehen

Dieser Labrador zeigt ein relativ sicheres Drohen.

oder einen Ruheplatz oder – was sehr häufig der Fall ist – um die Ressource „eigene körperliche Unversehrtheit".

Die meisten Konflikte zwischen Hunden können auf der Ebene des Zeigens von Droh- und Demutsverhalten geklärt werden. Drohverhalten beinhaltet zunächst keine direkte (absichtsvolle) körperliche Verletzung des Gegenübers, es kann aber auch zum Körperkontakt und zu kleineren Verletzungen, z.B. Kratzern oder Hautrissen, kommen.

Gefahrenvermeidung

Die korrekte Einschätzung von Drohverhalten ist besonders im Sinne der Gefahrenvermeidung in der Hund-Mensch-Kommunikation sehr wichtig. Häufig werden Drohsignale wie kurze Anspannung, leichtes Anheben der Lefzen oder kurzfristiges Blickfixieren von Menschen übersehen oder Drohverhalten wird als „Auflehnung gegen den Besitzer" verstanden – und der Mensch treibt mit seiner Reaktion darauf die Eskalation voran. Wer sich einem drohenden (= sich bedroht fühlenden) Hund weiter annähert, läuft Gefahr, dass der Hund mit weiterem Drohverhalten (z.B. Abwehrschnappen) oder sogar einem Angriff reagiert. Es ist sinnvoller, eine Drohung als eine „Bitte um Abstand" anzuerkennen und sich nach Entschärfung der Situation Gedanken über Ursachen und zukünftiges Verhalten (Verhaltenstraining) zu machen.

Sicheres und unsicheres Drohen

Die Faktoren „Unsicherheit" und „Sicherheit" können auf den Verlauf einer Situation Einfluss nehmen (siehe S. 94). Auch beim Drohverhalten kann man zwischen sicherem Drohen und unsicherem Drohen unterscheiden. Es ist wichtig, die ganze „Palette" von Drohverhalten zu erkennen und korrekt einzuordnen. Ein unsicher drohender Hund (Ausdruckselemente „nach hinten", Rückzug) erscheint den meisten Menschen zunächst weniger „gefährlich" als ein sicher drohender Hund (Ausdruckselemente „nach vorn", macht sich groß). Aber auch – beziehungsweise besonders – ein unsicherer Hund kann sich bei weiterer Annäherung des Konfliktpartners für die Strategie „Angriff ist die beste Verteidigung" entscheiden.

Die Intensität von Drohverhalten richtet sich nach der subjektiv empfundenen Stärke der Bedrohung: links ein deutliches (unsicheres) Drohen, rechts dezentes (unsicheres) Drohen.

Der Aussie zeigt ein stationäres, eher unsicheres Drohen – die hohe Intensität des gezeigten Verhaltens weist jedoch darauf hin, dass er sich in der Situation insgesamt eher unsicher fühlt.

Unsicheres Drohen des Australian Shepherds in der Vorwärtsbewegung – die Botschaft an den Rhodesian Ridgeback heißt eindeutig: „Halte Abstand!“

Die ältere Hündin zeigt ihrer Tochter durch ein dezentes sicheres Drohen, dass ihre Annäherung nicht erwünscht ist. Hier nicht zu „sehen“: Die ältere Hündin knurrt dabei auch.

In der Literatur wird „sicheres Drohen“ manchmal als „offensives Drohen“ bezeichnet und „unsicheres Drohen“ als „defensives Drohen“. Im täglichen Sprachgebrauch steht „offensiv“ oft für „Angriff“, „aktiv“ oder „nach vorne gerichtet“, während „defensiv“ eher für „Verteidigung“, „passiv“ oder „nach hinten gerichtet“ steht. Es wäre jedoch falsch, dies auf einen drohenden Hund zu übertragen und davon auszugehen, dass ein „defensiv drohender“ Hund nicht angreift. Unter bestimmten Voraussetzungen (z. B. räumliche Enge, bestimmte Bewegungen des Gegenübers, plötzliches Geräusch) würde ein unsicher drohender Hund sogar eher angreifen als ein sicherer Hund, der – bevor er angreift – seine Drohsignale zunächst eher intensivieren würde.

Drohverhalten über optische Signale kann auch durch akustische Signale, z. B. Knurren, unterstützt werden (siehe S. 114).

Ausdruckselemente des Drohverhaltens

	sicher	unsicher (Abwehrdrohen)
Maulspalte	kurz, rund	lang, spitz, im Extremfall: weit aufgerissen
Lefzen	angespannt, leicht bis mäßig angehoben, es werden nur wenig Zähne (meist nur die Vorderzähne) gezeigt	meist stark angehoben und weit zurückgezogen, es werden (zur Abschreckung) möglichst viele Zähne gezeigt
Nasenrücken	dezent bis mäßig gerunzelt	stark gerunzelt
Augen	Blick auf das Gegenüber gerichtet	Blick abgewandt, Augen „flackern“
Ohren	nach vorn	zurückgelegt
Stirn	eher in Falten gelegt	eher glatt
Kopf	erhoben	abgesenkt
Rute	eher angehoben	eher abgesenkt
Gliedmaßen	durchgestreckt	eingeknickt
Nackenfell	aufgerichtet, besonders im Nacken-/Schulterbereich	aufgerichtet, unter Umständen über die gesamte Rückenlänge
Körperhaltung	aufgerichtet, Vorwärtstendenz	macht sich klein, Rückzugstendenz
Körperspannung	angespannt	angespannt

Offensive Aggression

Offensives Aggressionsverhalten steht für Angriffsverhalten. Hiermit sind alle Verhaltensweisen gemeint, die gehemmt oder ungehemmt auf die Beschädigung des Gegners abzielen – unabhängig von der Stärke der Beschädigung. Dabei sind die Übergänge zwischen reinem Drohverhalten und der offensiven Attacke fließend und es ist manchmal schwierig zu entscheiden, ab wann ein Abwehrverhalten (z. B. Abwehrschnappen) kein Drohverhalten mehr ist, sondern schon zum offensiv aggressiven Verhalten (z. B. gehemmter Angriff) zu zählen ist. Man könnte sagen, dass offensives Verhalten die Fortsetzung von Drohverhalten ist – wenn nach „Abwägen" der Situation keines der anderen Verhaltensmuster aus den 4 F's geeignet scheint, die bedrohliche Situation zu lösen. Hinsichtlich der Ursachen offensiven Verhaltens gilt, was bereits beim Drohverhalten besprochen wurde: Es besteht eine Konfliktsituation, in der es um die Verteidigung einer wichtigen Ressource geht. Viele Faktoren können Einfluss auf die Entwicklung und den Ablauf aggressiver Interaktionen nehmen: die beteiligten Individuen (z. B. in Bezug auf ihre Sozialisation oder Erfahrungen in ähnlichen Situationen), die jeweilige Situation (z. B. räumliche Verhältnisse), die aktuelle Wichtigkeit der beteiligten Ressourcen (z. B. Futter, läufige Hündin), aber auch die Beziehung der beteiligten Individuen zueinander (bekannt/unbekannt, verfeindet/befreundet).

Info | Angriff

Beispiele für Verhaltensweisen im Rahmen des gehemmten Angriffs
- Anrempeln
- Niederdrücken
- Vorspringen
- Stoßen mit geschlossener Schnauze
- Stoßen mit offener Schnauze ohne Zubeißen
- Überfall (Umrennen)
- Ringen mit den Vorderpfoten

Beispiele für Verhaltensweisen im Rahmen des ungehemmten Angriffs
- Beißen
- Beißen mit Festhalten
- Beiß-Schütteln
- Kurze Attacke
- Ernstkampf

Gehemmtes Angriffsverhalten

Beim gehemmten Angriff werden die Zähne nicht oder nur kontrolliert eingesetzt. Wenn es zu Verletzungen der Haut des Gegenübers kommt, sind diese meist geringfügig. Faktoren wie das Vorhandensein einer guten Beißhemmung oder die Fellqualität (kurz, lang, dicht, dünn) bestimmen das Ausmaß eventueller Verletzungen. Die menschliche Haut z. B. ist im Vergleich ungeschützt und kann auch bei einem gehemmten Angriff stärker verletzt werden, als es der angreifende Hund möglicherweise gewollt hätte.

Ungehemmtes Angriffsverhalten

Beim ungehemmten Angriff setzt der Angreifer seine Zähne ein. Auch dabei muss es nicht zwangsläufig zu ernsten Verletzungen oder zum Tod des Gegners kommen. Im Verlauf eines Kampfes kann der Überlegene seinen Griff lockern oder den Gegner sogar loslassen. Zeigt dieser nun Beschwichtigungsverhalten, besteht durchaus die Möglichkeit, dass sich der Konflikt löst. Unter Umständen wird der „Verlierer" noch eine Zeit lang bedroht (z. B. wenn der „Gewinner" vor/über ihm steht und Drohverhalten zeigt), bevor er sich zurückziehen darf – allerdings kann auch ein erneuter Angriff erfolgen. Welchen Verlauf so eine Situation tatsächlich nimmt, wird von den gleichen Faktoren bestimmt, die schon genannt wurden. Alles, was die Erregung der beteiligten Hunde steigern könnte, z.B. auch hektisches Eingreifen durch die Besitzer, erhöht die Gefahr, dass sich der Konflikt verschärft, und damit auch die Gefahr schwerwiegender Verletzungen. Damit soll nicht gesagt werden, dass „Nicht-Eingreifen" immer ein verletzungsfreies Auseinandergehen der Kontrahenten garantiert. Aber zumindest wird den beteiligten Hunden die Möglichkeit gegeben, ohne äußeren Einfluss ihre Handlungsmöglichkeiten „in Ruhe zu überdenken".

Aus Spiel kann Ernst werden. Wenn der kleinere Hund sich zu stark bedroht fühlt, kann er seinen Spielpartner durch Drohverhalten oder einen gehemmten Angriff abwehren. Dieser versteht die Botschaft, das Spiel ist – zumindest für einen Moment – unterbrochen.

Ernstkampf

Zu einem echten Ernstkampf kommt es zwischen gut sozialisierten Hunden tatsächlich nur äußerst selten. Bei einem echten Ernstkampf wird der Gegner endgültig, also ohne die Option einer späteren Rückkehr, in die Flucht geschlagen oder so schwer verletzt, dass er stirbt. Konfliktlösungen durch Beschwichtigungs- oder Deeskalationsverhalten (siehe unten bzw. S. 40) kommt bei einem echten Ernstkampf kaum vor. In der Regel geht es um eine äußerst wichtige Ressource, auf die keiner der beiden Kontrahenten verzichten will – oder kann. „Eigenes Überleben" ist ein Beispiel für eine Ressource, bei deren Verteidigung es unter Umständen zum Ernstkampf kommt – wenn es im Sinne der 4 F's keine andere Möglichkeit gibt. Wenn ein Hund nach seiner subjektiven Empfindung um „sein Leben" kämpfen muss (weil z. B. alle Beschwichtigungsversuche fehlgeschlagen sind), kann er ungehemmt und mit maximaler Beschädigungsintention beißen.

Verhalten zur Deeskalation

Fluchtverhalten und bestimmte Verhaltenselemente zur Deeskalation gehören ebenso wie Drohverhalten und offensive Aggression zum agonistischen Verhalten. Während durch Drohverhalten und offensives Aggressionsverhalten versucht wird, eine räumlich-zeitliche Distanz durch aggressive Verhaltensweisen herzustellen, wird durch Flucht und Deeskalation der Konflikt durch nicht-aggressives Verhalten gelöst. Die in dieser Ethogrammgruppe genannten Verhaltensweisen zur Deeskalation sind nicht die einzigen Möglichkeiten, wie ein Hund einen Konflikt deeskalieren kann (siehe auch S. 51).

Nachfolgend werden Verhaltenselemente besprochen, die sich in der statistischen Auswertung sehr deutlich als eigene Gruppe zusammenfassen ließen und in entsprechenden Situationen gezeigt wurden, die die Gruppenbenennung „Verhalten zur Deeskalation" rechtfertigen.

Flucht

Durch Flucht kann zügig eine große Distanz zu einem bedrohlichen Gegenüber hergestellt werden. Die jeweilige Situation entscheidet darüber, wie schnell und wie weit ein Hund sich zurückziehen will (oder kann). Der Rückzug kann sehr schnell oder sehr langsam ablaufen. Der Hund kann sich dabei abwenden oder sich „im Rückwärtsgang" zurückziehen. Dezentes Fluchtverhalten wird auch als „Meideverhalten" bezeichnet. Wenn Rückzug nicht möglich ist (Leine, beengte räumliche Verhältnisse) oder das Gegenüber nachfolgt, kann ein Hund im Sinne der 4 F's seine Strategie ändern und statt mit Flucht mit Droh- oder Angriffsverhalten reagieren.

Beispiele für Flucht- und Deeskalationsverhalten	
Fluchtverhalten	Verlassen (ganzen Körper abwenden), Rückwärtsgehen, Flüchten (zügiges Weglaufen), ruhiges Weggehen
Deeskalationsverhalten	Meideverhalten (Blick/Kopf abwenden), Übersprungsverhalten

Dieser Hund reagiert mit Flucht durch eher langsames Abwenden und Zurückziehen. Dabei zeigt er auch Verhaltenselemente aus den Gruppen „Passive Demut“ und „Unsicherheit“.

Schnelle Flucht – nur die Leine verhindert, dass sich der Hund weiter zurückziehen kann.

Dezentes Meideverhalten durch Kopf- und Blickabwenden (oben). Verlagerung des Körpergewichts vom Gegenüber weg (unten).

Meideverhalten
Meideverhalten bedeutet z. B., den Kopf oder den ganzen Vorderkörper „demonstrativ" zur Seite zu wenden, während der restliche Körper stationär bleibt. Menschen sollten sich besonders darin trainieren, dezentes Meideverhalten in Konfliktsituationen zu erkennen (Blick abwenden, Verlagerung des Körpergewichts weg vom Gegenüber) – und es als Bemühen des Hundes zur Beendigung des Konflikts anzuerkennen. Konsequenterweise sollte dann auch der Mensch entsprechend reagieren und den Hund nicht weiter bedrängen oder bedrohen.

Meideverhalten hat dadurch im Grunde die gleiche Funktion wie Übersprungsverhalten: Der Hund wendet sich aus der Interaktion ab und signalisiert damit seinem Gegenüber, dass er den Konflikt beenden möchte. Beim Zeigen von Meideverhalten bleibt der Hund allerdings in seinem Stresszustand stärker gefangen, da er nach wie vor eng beim Kontrahenten verbleibt. Beim Zeigen von Übersprungsverhalten kann er aktiv handeln und darüber Stress abbauen (siehe S. 53 ff.), beim Zeigen von Meideverhalten ist dies nicht der Fall.

Info | Deeskalation

Beispiele für Übersprungsverhalten
- Schnuppern am Boden
- Sichkratzen oder -lecken
- Sich strecken (Verbeugen)
- Beschäftigung (Buddeln etc.)
- Gähnen

Übersprungsverhalten
Von Übersprungsverhalten spricht man, wenn ein Hund in einer Konfliktsituation ein Verhalten zeigt, welches „eigentlich" nicht zur momentanen Situation passt (siehe auch S. 53). In der Regel wird durch das „Sich-mit-etwas-völlig-anderem-Beschäftigen" die aktive Kommunikation mit dem Gegenüber abgebrochen.

Verhalten bei Stress

Es gibt einige Verhaltenselemente, die allein für sich oder im Zusammenspiel mit anderen Verhaltensweisen anzeigen, dass der Hund in einem Stress- oder Erregungszustand ist. Hecheln oder verstärktes Hecheln ist solch ein Verhaltenselement. Man sollte natürlich die Umgebungstemperatur berücksichtigen, um zu beurteilen, ob ein Hund aus Stress hechelt oder weil er seine Körpertemperatur absenken will. Hechelt ein Hund beim Bummel über den Weihnachtsmarkt in der Innenstadt, ist sicherlich nicht die Außentemperatur daran schuld. Mit diesen Ausführungen soll noch einmal darauf hingewiesen werden, dass Hunde nicht nur hecheln, wenn ihnen definitiv zu warm ist. Gerade das Hecheln wird als generelles Signal für einen Stresszustand von Besitzen häufig nicht ernst genommen. Dabei ist es ein wichtiger Indikator, um z. B. beim Training deutlicher auf den Hund zu achten und zu überlegen, ob er vielleicht jetzt eine Pause braucht oder ob man noch einige Minuten weiter trainieren kann. Training über die individuelle Belastungsgrenze des Hundes hinaus auszudehnen, ist in der Regel „ein Schuss nach hinten“: Das Verhalten wird unsauber und die Gedächtnisbildung wird blockiert. Verbindet der Hund die Trainingssituation (also auch den Besitzer oder das zu befolgende Kommando) mit der Situation, kann sich das negativ auf das Training auswirken.

Info | Stress

Weitere Verhaltensmuster bzw. Verhaltenselemente als Anzeichen für Stress oder Erregung

- Speicheln
- Wedeln
- Die-eigene-Schnauze-Lecken
- Schmatzen
- Schreckreaktion (Zusammenzucken)
- hektische Bewegungen
- Angst-/Unsicherheitsdislay (siehe S. 62)
- Peniserektion
- häufiger Urin-, Kotabsatz, Durchfall
- Lautäußerungen wie z. B. Bellen oder Jaulen

Hochspringen aus Erregung. Diese kann entweder durch positive Interaktion mit dem Besitzer ausgelöst worden sein, oder der „lästige“ Welpe war als Stressor verantwortlich.

Beide Hunde hopsen als Spielaufforderung voreinander herum.

Spielverhalten

Spielverhalten ist im Tierreich weit verbreitet und kommt selbst bei Reptilien vor. Warum sich Spielverhalten so universell im Tierreich entwickelt hat und welchen Zweck es hat, wird allerdings noch diskutiert.

Soziale Bindung durch Spiel

Bei hochsozialen Tieren wie Hunden spielen Spielsequenzen sicherlich für den Aufbau bzw. Erhalt von sozialen Bindungen eine Rolle: Tiere, die miteinander spielen, lernen sich kennen und können ein Vertrauensverhältnis zueinander aufbauen. Spielverhalten hat vermutlich auch eine sogenannte „selbstbelohnende" Komponente: Spielen um des Spielens willen – einfach, weil es Spaß macht. Bei Untersuchungen an spielenden Ratten konnten erhöhte Opioid-Konzentrationen im Gehirn nachgewiesen werden. Opioide spielen eine wichtige Rolle im internen Belohnungssystem des Gehirns und sind für den Spaß und das Belohnungsgefühl beim Spielen verantwortlich. Die Tatsache, dass durch Spielen Bewegungsabläufe und Verhaltensweisen trainiert werden, ist bei erwachsenen Hunden vermutlich eher ein nützlicher Nebeneffekt als das Hauptmotiv. Bei Welpen und Junghunden dient Spielen allerdings auch dazu, die Regeln des sozialen Miteinanders und die Kommunikationsmuster zu lernen.

Elemente des Spiels

Es gibt einige typische Körperstellungen des Spiels, ansonsten enthält Spielverhalten Elemente aus dem gesamten Ausdrucksrepertoire: Es werden Verhaltensweisen aus ganz verschiedenen Bereichen zu einer Sequenz zusammengefasst. Die „sinnlose" Zusammenstellung der Elemente und deren übertriebene Betonung machen das Spiel als „Spiel" erkennbar. Auch das „Spielgesicht" ist ein typisches Merkmal für den Gesamteindruck „Spiel". Bei einem Spielgesicht sind alle Ausdruckselemente des Kopfes auf „Übertreibung" gestellt. Die Augen sind aufgerissen, die Ohren stehen nach vorne, das Maul ist aufgerissen mit eher runder Maulspalte oder wird schnell hintereinander geöffnet und geschlossen.

Der Labrador fühlt sich bedroht und zeigt nach einer kurzen Schreckreaktion eine Spielaufforderung zur Deeskalation.

Spielaufforderung

Zu den Verhaltensweisen, mit denen zum Spiel aufgefordert wird (Initialspiele), gehört z. B. die sogenannte Vorderkörpertiefstellung. Dabei werden die Vorderbeine weit nach vorne und etwas nach außen gestellt, so dass der Vorderkörper abgesenkt wird; das Hinterteil bleibt oben und der Spielpartner wird angesehen. Auch das „Um-ein-Gegenüber-Herumlaufen" oder „Vor-ihm-Herumhopsen" können Spielaufforderungen darstellen. Manche Hunde rempeln andere an, um sie zum Mitlaufen zu animieren.

Wenn ein Gegenüber im Rahmen eines Konfliktes zum Spiel aufgefordert wird, kann dies als Beschwichtigungsverhalten angesehen werden (siehe S. 53). Diese Form der Konfliktlösung findet sich eher bei niederschwelligen Konflikten. Besonders auffordernde Spielbewegungen (z. B. Hin-und-her-Hüpfen, plötzliches Losrennen sowie Vorderkörpertiefstellung), sollen das Gegenüber dazu bringen, eine vermeintliche Bedrohung einzustellen und sich stattdessen auf ein Spiel einzulassen. Durch dieses aktive Handeln kann der Hund Stress abbauen.

Spielaufforderung (links), Hoppelgalopp (rechts).

Raufspiel unter Geschwistern.

Übertreibung

Im Spiel dominieren Bewegungen, die sich durch übertriebene, quasi überschwängliche Bewegungen auszeichnen. Feddersen-Petersen (2008) spricht von „Bewegungsluxus". Spielen kann im Liegen stattfinden, meist im Rahmen einer sehr entspannten Atmosphäre, oder etwas „dynamischer" im Stehen (z.B. Hochkampf) oder Laufen (z.B. Hoppelgalopp, Rennspiele). Typischerweise wechselt beim Spielen häufig die Form, das Tempo oder auch die Rollenverteilung („Jäger/Gejagter"). Je nach Vorlieben der beteiligten Individuen werden auch die Zähne mehr oder weniger intensiv eingesetzt. Es gilt: Erlaubt ist, was allen Spaß macht. Wenn sich einer der Beteiligten „im Ton vergreift", kann es zum Abbruch des Spiels kommen, unter Umständen auch mit Übergang zu aggressivem Verhalten. In der folgenden Tabelle sind einige Beispiele für Verhaltenselemente aus dem Spielverhalten aufgeführt, allerdings muss betont werden, dass die individuellen Variationen besonders bei dieser Gruppe enorm sind.

Info Spiel

Beispiele für Spielverhalten

- Spielgesicht
- Spielbeißen
- Vorderkörpertiefstellung
- plötzliches Losrennen, Spielflüchten
- Hoppelgalopp, Rennspiele
- Kampfspiele (Hochkampf, Raufen)
- Jagd-, Rennspiele

„Hochkampf“ als Element des Spielverhaltens.

Ist das Spiel sehr wild, kann die Stimmung auch einmal kippen.

Weitere Kommunikationsformen

Akustische Kommunikation

Akustische Kommunikation dient der Kommunikation im Fernbereich sowie der Verfeinerung oder Verstärkung von optischen Signalen im Nahbereich. Im Vergleich zum Wolf findet man beim Haushund eine „Hypertrophie in der Vokalisation", also eine „Überentwicklung" der akustischen Kommunikation – vermutlich als Anpassung an das Leben mit dem Menschen. Wissenschaftliche Untersuchungen zu diesem Thema gibt es (zurzeit) nur wenige (z.B. Feddersen-Petersen, 2004), die Datengewinnung und -auswertung gestaltet sich aufgrund der hohen Individualität der Lautäußerungen schwierig. Lautäußerungen von Hunden lassen sich nach verschiedenen Kriterien einteilen (siehe Tabelle).

Bellen

Bellen gehört zu den häufigsten Lautäußerungen. Man unterscheidet eine unterschiedliche Anzahl von Bellformen bei verschiedenen Rassen. Feddersen-Petersen nennt z.B. zwei Formen beim Malamut, sechs beim Deutschen Schäferhund und zwölf beim Bullterrier. Dabei kann die Qualität und Quantität des Bellens auch vom Empfänger abhängen (ein bestimmter Besucher des Territoriums wird anders angebellt als ein anderer). Bellen variiert auch nach dem jeweiligen Kontext, in dem es gezeigt wird: Begrüßungsbellen, aggressives Bellen, Spielbellen, Drohbellen, Erregungsbellen etc. Je nach beteiligten Komponenten kann man Knurrbellen, Heulbellen, Bellen in Kombination mit Fiepen oder Schreien unterscheiden. Bellen kann intensiv über Lernverhalten verstärkt werden: wird einem bellendem Hund Beachtung geschenkt, lernt er, dass Bellen ein probates Mittel ist, um Aufmerksamkeit zu bekommen.

Wuffen

Wuffen ist Bellen mit geschlossenem Fang. Meist ist es ein atonaler Kurzlaut, der situationsbezogen als Warn- oder Drohlaut eingesetzt wird. Manchmal geht dem Wuffen ein Schnaufen oder „Backenblasen" voraus. Wuffen kann bei Welpen (vermutlich angeborenerweise) Fluchtverhalten auslösen.

Einteilung akustischer Kommunikation nach verschiedenen Kriterien	
Nach Art der Schwingung	> tonale (klanghafte) Laute begleiten eher nicht-agonistisches Verhalten > atonale (geräuschhafte) Laute begleiten eher agonistisches Verhalten > Mischlaute signalisieren einen eher ambivalenten motivalen Status
Bildung von Lautgruppen	z.B. homogen/heterogen
Einteilung nach Funktion und Bedeutung	z.B. Warnlaute, Spielbellen, Begrüßungsgeheul, Chorgeheul
Einteilung nach den „Lautgebenden"	Infantillaute/Lautrepertoire von Adulten, Individuallaut/Chorgesang

Inbrünstiges Heulen kann bei „Zuhörern" zum Heulen animieren und so ein Chorheulen starten.

Knurren

Knurren ist ein Kehllaut, der tonal und atonal vorkommt: als tonales Knurren kommt bereits bei Welpen im Alter von zwei Wochen vor (z. B. bei Unterkühlung, Isolation), später auch im Spielverhalten. Atonales Knurren kommt meist als tieffrequenter Laut im Rahmen der aggressiven Kommunikation. Vermutlich sollen die tiefen Töne dem Gegenüber Größe und Stärke signalisieren. Der Anteil von Knurren an der Gesamtlautgebung kann rassenabhängig variieren: z. B. 65% beim Malamut und 12% beim Deutschen Schäferhund.

Winseln

Winseln ist ein tonaler Laut und stellt aneinandergereihte hohe, langgezogene Töne dar, die bei Unbehagen geäußert werden.

Fiepen

Fiepen ist ein verstärktes Winseln, welches bei physischem und/ oder psychischem Stress (z. B. auch bei Demutsverhalten) gezeigt wird.

Heulen

Hunde heulen meist aus hohen Erregungslagen heraus. Formen sind z. B. Trennungsheulen oder Begrüßungsheulen. Heulen kann aus Bellen hervorgehen bzw. in Bellen übergehen. Eine Sonderform stellt das Chorheulen dar, welches im Sinne eines allelomimetischen Verhaltens zur Stimmungsübertragung (Gruppenzusammenhalt) gezeigt wird.

Schreien

Schreien wird als Erregungslaut bei Angst, Freude, Erwartung, bei Schmerz oder als Schreckreaktion gezeigt.

Taktile Kommunikation

Taktile Kommunikation dient der Kommunikation im Nahbereich. In entspannter Stimmung werden Bindungen zwischen den Gruppenmitgliedern aufgebaut und erhalten und dadurch der Gruppenzusammenhalt gefördert. Verhaltensweisen in diesem Sinne werden meist in entspannten Situationen gezeigt: z. B. Zusammenliegen, Aneinanderschmiegen (siehe auch Soziale Annäherung, S. 83).

Beim „Allogrooming" werden auch die Zähne zum vorsichtigen Beknabbern des Sozialpartners eingesetzt. Aber auch beim Spielen, Imponieren und im Rahmen aggressiven Verhaltens kommt es zum Körperkontakt. Die Elemente der taktilen Kommunikation überschneiden sich teilweise mit Elementen aus den Ethogrammgruppen des „optischen Ausdrucksverhaltens".

Verschiedene Schnauzenkontakte, Felllecken oder Beknabbern sind Beispiele für taktile Kommunikation (hier im Rahmen der sozialen Annäherung).

Beispiele für taktile Kommunikation in unterschiedlichem Kontext	
Im Rahmen sozialer Annäherung, allomimetisches Verhalten	Sich gegenseitig Beknabbern „Allogrooming" Kontaktliegen Schnauzenkontakte im entspannten Umfeld
Beim Spielverhalten	Anrempeln Runterdrücken Festhalten
Beim Imponieren	Pfoteauflegen Kopfauflegen Berührung bei der T-Stellung
Drohverhalten	beinhaltet keine absichtliche Verletzung des anderen; es kann aber zu Körperkontakt und kleineren Verletzungen kommen (z. B. Kratzer, Hautrisse)
Angriffsverhalten	Anrempeln Niederdrücken Beißen

Direkt am Gegenüber oder am Boden schnuppern – beides kann wichtige Informationen übermitteln.

Olfaktorische Kommunikation

Olfaktorische Kommunikation dient der Kommunikation im Nah- und Fernbereich. Im Nahbereich kann das Gegenüber direkt berochen werden. Im Fernbereich können Informationen durch Hinterlassen von Geruchsmarken auch ohne Anwesenheit des Senders übermittelt werden.

Im Gegensatz zu den anderen Kommunikationsformen, die für unsere menschlichen Sinne nachvollziehbar sind – auch wenn uns gelegentlich Feinheiten entgehen –, lassen uns bei der olfaktorischen Kommunikation unsere Sinne weitestgehend im Stich. Einige „Trägersubstanzen" der olfaktorischen Kommunikation (Kot, Urin, Drüsensekrete) können wir zwar wahrnehmen, aber der eigentliche Informationsgehalt bleibt uns Menschen verborgen.

Riechleistung

Das Riechvermögen des Hundes ist dem des Menschen weit überlegen: Zum Beispiel hat der Hund auf seiner Riechschleimhaut über 1000 individuelle Rezeptoren, um die verschiedensten Duftstoffe zu unterscheiden; der Mensch hat nur 400 Rezeptoren. Die Gesamtzahl der Rezeptoren auf der

Info | Riechen

Beispiele für „sichtbares" Riechverhalten

- intensives Schnüffeln unter Umständen mit sicht- und hörbarem Einziehen der Luft durch die Nase
- Schnuppern am Boden
- Schnuppern mit hoher Nase
- Schnauben, um die Rezeptoren freizubekommen

Dieser Coonhound folgt vermutlich einer interessanten Spur.

Riechschleimhaut liegt beim Hund im Bereich von 100 bis 200 Millionen, beim Menschen bei ca. 5 Millionen Rezeptoren. Hunde können über olfaktorische Signale unter anderem Informationen über Anwesenheit („ich war hier“, „das ist mein Territorium“), Geschlecht, Alter, Gesundheit oder auch den Status der „Fortpflanzungsbereitschaft“ austauschen. Wird Urin in vielen kleinen Portionen, quasi tröpfchenweise abgesetzt, ist das ein Hinweis auf Urinmarkieren zum Hinterlassen einer „Botschaft“. Zum Entleeren der Blase z.B. auch bei Stress, wird der Urin eher „im Strahl“ abgesetzt.

Obwohl wir die olfaktorischen Wahrnehmungen nicht direkt nachvollziehen können, können wir anhand des Verhaltens erkennen, wann und eventuell sogar was ein Hund „in der Nase“ hat. Wer seinen Hund gut kennt, bekommt anhand des übrigen Ausdrucksverhaltens (z.B. Körperspannung, Art des Wedelns, eventuelle Lautäußerungen) Hinweise, was sein Hund gerade riechen könnte.

Urinabsetzen an einem Zaun: tröpfchenweise zum Markieren oder „im Strahl“, um die Blase zu entleeren.

Zum Weiterlesen

Zum Weiterlesen finden Sie hier weitere Hunderatgeber aus dem Kosmos-Verlag:

Feddersen-Petersen, Dorit: **Hundepsychologie**. Sozialverhalten und Wesen, Emotionen und Individualität.

Feddersen-Petersen, Dorit: **Ausdrucksverhalten beim Hund.**

Führmann, Petra, Nicole Hoefs und Iris Franzke: **Das große Kosmos Spielebuch für Hunde**.

Führmann, Petra, Nicole Hoefs und Iris Franzke: **Die Kosmos Welpenschule – mit DVD**.

Gansloßer, Udo: **Verhaltensbiologie für Hundehalter.** Verhaltensweisen aus dem Tierreich verstehen und auf den Hund beziehen.

Gansloßer, Udo & Petra Krivy: **Verhaltensbiologie für Hundehalter – das Praxisbuch.**

Gansloßer, Udo & Kate Kitchenham: **Forschung trifft Hund.** Neue Erkenntnisse zu Sozialverhalten, geistigen Leistungen und Ökologie.

Handelman, Barbara: **Hundeverhalten**. Mimik, Körpersprache & Verständigung.

Jones, Renate: **Aggression bei Hunden.** Von Besitzanspruch bis Drohverhalten.

Käufer, Mechtild: **Spielverhalten bei Hunden**. Spielformen und -typen, Kommunikation und Körpersprache.

Kaminski, Juliane und Juliane Bräuer: **So klug ist Ihr Hund.**

Rustige, Dr. med.vet. Barbara: **Hundekrankheiten**. Vorsorge, Diagnose, Behandlung.

Schmidt-Röger, Heike: **Was denkt mein Hund**. Hundeverhalten auf einen Blick.

Schenten, Jutta: **Entspannt durch die Flegelzeit**. Wenn Hunde erwachsen werden.

Schöning, Barbara: **Hundeverhalten**. Verhalten verstehen, Körpersprache deuten.

Schöning, Barbara: **Hundeprobleme**. Erkennen, verstehen und lösen.

Toll, Claudia: **Kommt nicht, gibts nicht.** So klappt der Rückruf bei jedem Hund.

Winkler, Sabine: **Hundeerziehung**. Sozialisation, Ausbildung, Problemlösung.

Quellen

Adachi I, Kuwahata H, Fujita K (2007): Dogs recall their owners face upon hearing the owner's voice. Anim Cogn 10, 17-21..

Bekoff M (2008) Das Gefühlsleben der Tier. animal learn Verlag .

Blackwell EJ, Twells C, Seawright A, Casey R (2008): The relationship between training methods and the occurance of behaviour problems, as reported by owners, in a population of domestic dogs. J Vet Behav 3, 207-217.

Bradshaw, J.W.S., Blackwell, E.J. and Casey, R.A. (2009): Dominance in domestic dogs – useful construct or bad habit? Journal of Veterinary Behaviour, Clinical Applications and Research, Volume 4, Issue 3, Pages 109-144 (May-June 2009).

Feddersen-Petersen D (2008): Ausdrucksverhalten beim Hund. Kosmos Verlag .

Fukuzawa M, Mills DS, Cooper JJ (2004): The effect of signal context on obedience in the domestic dog (Canis familiaris). ISAE Konferenz, Helsinki, Proceedings, 237.

Gacsi M, Györi B, Viranyi Z, Kubinyi E, Range F, Belenyi B, Miklosi A (2009): Explaining dog wolf differences in utilizing human pointing gestures: selection for syergistic shifts in the development of some social skills. PloS one (4), e6584 .

Handelman B (2010): Hundeverhalten. Kosmos Verlag.

Labudda S (2005): Über die Sprache der Tiere. Magisterarbeit, Universität Hannover. GRIN Verlag.

Lambrich M (2007) Vergleichende Verhaltensentwicklung von Junghunden, Dissertation, Universität Hannover & Kiel.

Miklosi A, Soproni K (2006): A comparative analysis of animals' understanding of the human pointing gesture. Anim Cogn 9, 81-93.

Pongracz P, Vida V, Banhegyi P, Miklosi A (2008): How does dominance rank status affect individual and social learning performances in the dog (Canis familiaris)? Anim Cogn 11, 75-82.

Schenkel R (1967): Submission: its features and function in the wolf and the dog. American Zoologist 7, 319-329.

Schöning B (2006): Evaluation and prediction of agonistic behaviour in the domestic dog. PhD-Thesis, University of Bristol.

Nützliche Adressen

Verband für das Deutsche Hundewesen e.V. (VDH)
Westfalendamm 174
D – 44141 Dortmund
Tel: 0231-565 000
Info@vdh.de
www.vdh.de

Österreichischer Kynologenverband (ÖKV)
Siegfried Marcus-Str. 7
A – 2362 Biedermannsdorf
Tel: 0043 2236-710 667
office@oekv.at
www.oekv.at

Schweizerische Kynologische Gesellschaft (SKG)
Geschäftsstelle
Brunnmattstr. 24
CH – 3007 Bern
info@skg.ch
www.skg.ch

Berufsverband der Hundeerzieher/innen und Verhaltensberater/innen (BHV)
Auf der Lind 3
D – 65529 Waldems-Esch
Tel: 069 93 99 63 96
info@bhv-net.de
www.bhv-net.de

Gesellschaft für Tierverhaltenstherapie (GTVMT)
Dr. Barbara Schöning (1. Vorsitzende)
Hohensasel 16
D – 22395 Hamburg
Tel: 040 60 87 53 51
bs@ethologin.de
www.gtvmt.de

Bundestierärztekammer (BTK)
Französische Strasse 53
D – 10117 Berlin
Tel: 030 - 201 43 38 -0
geschaeftsstelle@btkberlin.de
www.bundestieraerztekammer.de

Register

KOSMOS.
Wissen aus erster Hand.

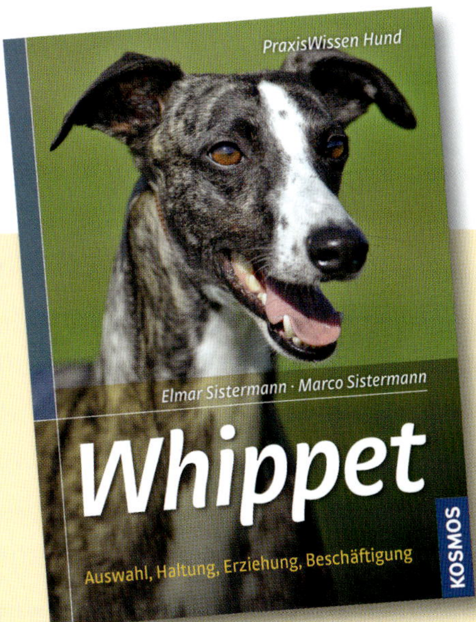

Hunderassen im Fokus

PraxisWissen Hund gibt Antworten auf alle Fragen, die sich Hundehalter stellen. Experten beraten und geben wichtige Informationen über ihre Hunderasse und deren Besonderheiten und Bedürfnisse, sowie über Erziehung und Beschäftigung. Die Reihe für eine harmonische Mensch-Hund-Beziehung.

Je 128 Seiten, 150 Fotos,
€/D 14,99

kosmos.de/hunde

Bildnachweis

215 Farbfotos wurden von Vivien Venzke/Kosmos für dieses Buch aufgenommen. Weitere Farbfotos von Fotolia (1; S. 36 oben), Juniors Bildarchiv (5; S. 15, 16, 17, 36 unten, 59), Eva-Maria Krämer/Kosmos (1; S. 63 unten links), Heike Schmidt-Röger (1; S. 115), Sabine Stuewer/Kosmos (1; S. 60 unten).

Impressum

Umschlaggestaltung von eStudio Calamar unter Verwendung von 4 Farbfotos von Oliver Giel (Vorderseite) und Vivien Venzke/Kosmos (Rückseite).

Mit 224 Farbfotos.

Alle Angaben in diesem Buch erfolgen nach bestem Wissen und Gewissen. Sorgfalt bei der Umsetzung ist indes dennoch geboten. Autorinnen und Verlag übernehmen keinerlei Haftung für Personen-, Sach- und Vermögensschäden, die aus der Anwendung der vorgestellten Materialien und Methoden entstehen können.

Unser gesamtes lieferbares Programm und viele weitere Informationen zu unseren Büchern, Spielen, Experimentierkästen, DVDs, Autoren und Aktivitäten finden Sie unter **kosmos.de**

MIX
Papier aus verantwortungsvollen Quellen
FSC® C110508
FSC www.fsc.org

Gedruckt auf chlorfrei gebleichtem Papier

© 2013, Franckh-Kosmos Verlags-GmbH & Co. KG, Stuttgart.
Alle Rechte vorbehalten
ISBN 978-3-440-12211-2
Redaktion: Hilke Heinemann
Gestaltungskonzept: eStudio Calamar
Gestaltung und Satz: akuSatz, Stuttgart
Produktion: Eva Schmidt
Printed in Germany / Imprimé en Allemagne

gkf Forschung für den Hund

Der KOSMOS-Verlag ist Mitglied in der Gesellschaft zur Förderung Kynologischer Forschung e.V.
www.gkf-bonn.de

KOSMOS.
Wissen aus erster Hand.

Alles über Hunde

PraxisWissen Hund gibt Antworten auf alle Fragen, die sich Hundehalter stellen. Experten beraten und geben wichtige Informationen zu Lernverhalten, Erziehung und Beschäftigung des Hundes. Die Übungsschritte werden genau erklärt und in vielen Bildern gezeigt. Die Reihe für eine harmonische Mensch-Hund-Beziehung.

Je 128 Seiten, 150 Fotos,
€/D 14,99

kosmos.de/hunde